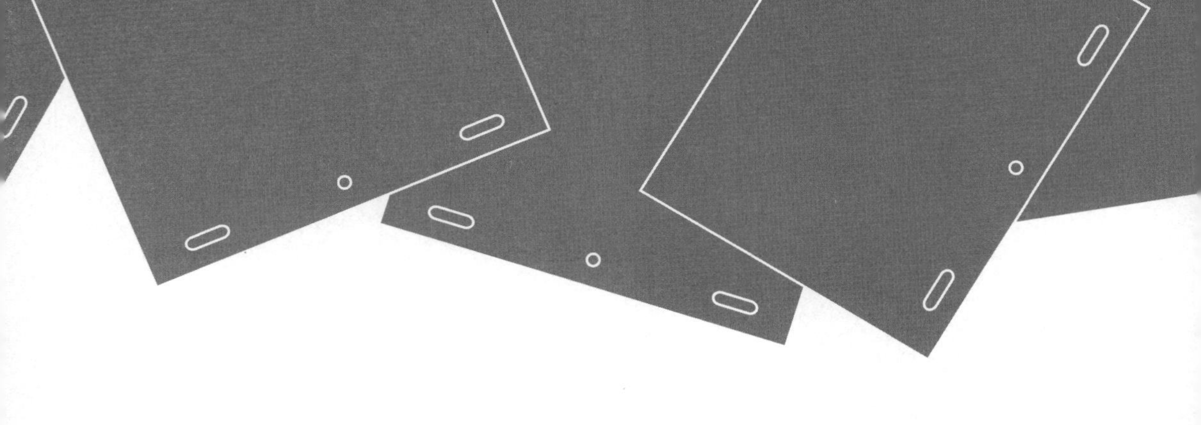

動畫基礎概論

Introduction of Animation

游凱麟　編著

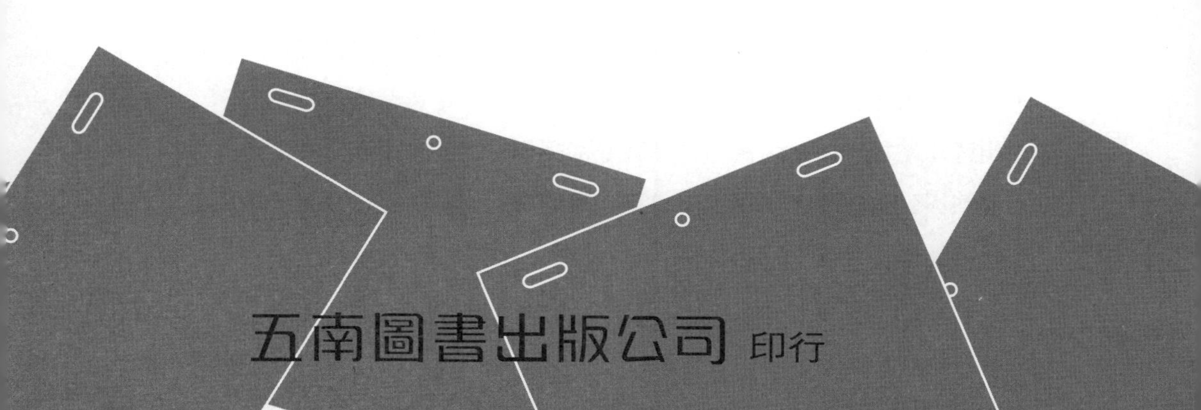

五南圖書出版公司 印行

前言

從事動畫教育這些年來，常常問學生一個問題：「什麼是動畫？」，學生們會給我許多有趣的回答。有些人會照字面意義給予一個充滿魔法意味的解釋「動畫…就是會動的圖畫」；或是回答昨晚看過的電視卡通是動畫，電影中的電腦特效也是動畫，更常聽到學生用一種技術上的意義來解釋動畫：「連續播放一連串連貫的影像，因為視覺暫留原理就會看到動態影像」這些各式各樣的答案。

從學生的回答可以看出，這個問題其實沒有標準答案，因為動畫在現今的生活中，已經應用在各式各樣的視覺媒體上，也因為如此，學生對於動畫的認識也僅限於屬於娛樂的這一部分，動畫的歷史與本質常常被忽略。且讓我們追根究底來看，動畫的英文 animation 一詞來自於拉丁語字源『ANIMA』，指的是靈魂。因此 animate 可解釋為「讓….活起來」。因此「動畫」一詞的正確解釋應是指「將不具生命的物品，變成有生命或是動態的。」

動畫從百年以前的魔術技法，演變到現在，已經不僅單單是電影藝術的片段形式或技術應用而已，而是人類對幻想中的事物給予生命使其動作的執著表現。近幾年上映的動畫電影與電視卡通影集數量相當驚人，動畫在電影特效中扮演著舉足輕重的角色，這代表動畫公司技術的成熟，也意味著動畫市場隨時都在渴求著好作品。數位內容產業吸引著許多資金與人才紛紛投入，電影音樂偶像劇的產出逐年增加，但是動畫的作品數量卻相對來的少，這表示好的動畫導演與動畫人才的不足，需要更多有創意的人投入這個產業，人才的培養需要從教育上開始紮根，也促使了我寫本書的動力。

市面上教授動畫製作技術的書籍相當的多，但是若能夠同時講述歷史沿革與動畫理論的就相對來的少。本書以適合用於大專院校動畫相關科系的動畫概論、動畫原理或動畫基礎課程而設計，將動畫分為理論概述與實作示範兩大部分：

理論部分為開始著手製作動畫之前，先了解動畫的構成原理；並從歷史淵源中窺探動畫技術發展。藉由介紹國際知名動畫公司，了解世界動畫電影的潮流，以及美國日本動畫業界不同之處，日本的導演制又是怎麼樣的運行機制呢？以及現今不可不知，已經行之有年的幾個國際動畫影展。

在實作示範部份，將會按部就班著重角色動畫的創作與製作，如何從零開始創造一個有血有肉的角色，賦予形體與個性，將過程拆解成步驟圖，讓初學者也能夠畫出專業的動態。最後介紹動畫的類型；從拍攝方式到題材相當廣泛沒有限制，不管是傳統賽璐璐手繪動畫，或是製作偶來進行逐格拍攝，亦或作業過程幾乎完全數位化的 3D 電腦動畫…等；都是從最基礎的動態表演出發。

近年來網際網路的興盛，幾乎家家有電腦，人人會上網；以往傳統動畫公司的影片製作過程不再是閉門造車的秘密；加上電腦軟體的輔助，自己一個人也可以創作動畫影片。本書並非單純的電腦動畫軟體教學書籍，而是希望回歸最原始的動畫概論與動畫表演方式，讓有意願接觸動畫創作的年輕創作者們，得以奠定穩定基礎，善用多元資訊，走出更寬廣的動畫之路！

CONTENTS

第三章 作畫教程與範例 075

第四章 各種動畫類型製作流程介紹 177

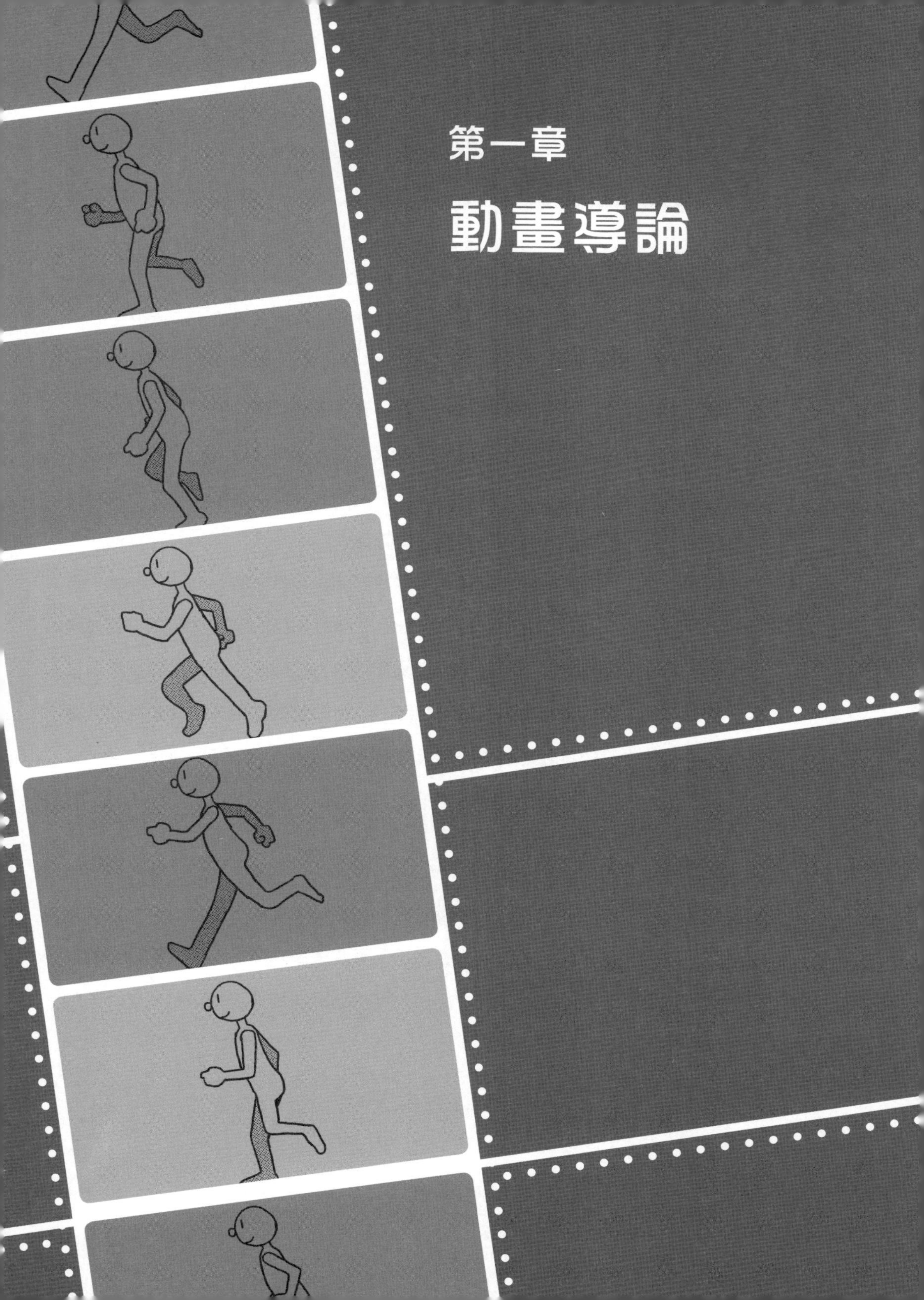

第一章

動畫導論

什麼是動畫

如果有人問什麼是動畫？可能很多人會說出很多如「航海王」、「火影忍者」這些知名日本漫畫改編的動畫作品，以及「玩具總動員」、「變形金剛」這些電腦動畫與特效電影；如果有人問什麼是卡通？你可能會說「飛天小女警」、「海綿寶寶」與「米老鼠與唐老鴨」這些詼諧逗趣的美式卡通影片。但是如果要請你解釋，卡通與動畫的關係，或是卡通影片一詞的由來？可能就沒幾個人能夠回答的出來。其實動畫的世界不是只有通俗娛樂的美式卡通與日式動畫這種狹義的解釋，廣義的「動畫」指的是，「並非實際拍攝的連續動作，而是使用逐格的方式所製作，並且利用器材去產生動態的影片，包括平面（手繪油彩沙畫剪紙）、立體（黏土泥偶木偶真人）或是電腦生成圖像（CGI）」。用這樣的定義去界定動畫，從漫畫卡通到電影特效，從線條色彩到立體實物，世界各國的民族風情與各種藝術風格表現都可以是動畫的樣貌，動畫的世界就會寬廣了許多，也就能將動畫的內涵擴大成為一個學術領域來進行研究。

現代的視覺媒體可分為：平面媒體（報章雜誌、廣告海報）與電子媒體（電視、電影、影碟與網路）；而動畫這種表現手法雖然只能在電子媒體裡展現，但已應用於各種內容之中，一般人僅將它作為視覺娛樂的一部分而已，但是身為動畫相關科系的學生，就必須將動畫視為專業學術知識，進而瞭解動畫的各種表現方式與歷史淵源。以下先介紹現代電腦動畫與傳統賽璐珞動畫以外的動畫製作方式。

早期動畫製作方式只有手繪動畫與停格動畫兩種。依動畫的用途大致上可分作「真人電影中的動畫特效」、「卡通動畫影片」與「立體物件動畫」；再依照畫面表現手法則是可以分作「漫畫動畫」、「美術動畫」與「藝術家動畫」。動畫特效與卡通動畫，我們會在後面的章節作更詳細的介紹。首先介紹立體物件動畫最常使用的基本技術，也就是停格動畫。

停格動畫（Stop Motion）是以現實的物品為對象，同時應用攝影技術來製作的動畫形式。停格動畫有別於傳統手繪動畫和電腦動畫，由於是使用實體物件，所以可以使用各種塑模技法，具有非常高的藝術表現性和非常真實的材質紋理，所以也常是藝術家創作動畫的方法。製作停格動畫的方式是，先拍攝對象，然後改變拍攝對象的形狀位置或者是替換對象的物件部位，再進行拍攝，反覆重複這一步驟直到這一鏡頭(CUT)結束，最後將這些底片連在一起，形成動畫。這種動畫的製作技術也被稱為框到框（frame to frame）或者稱為位到位（postion to postion）。停格動畫根據物品使用的材質可以分為木偶動畫（Puppet animation），粘土動畫（Clay animation），剪紙動畫（Cutout animation），我們會在第四章作更詳細的介紹。

除了物件動畫之外，其他還有一些特別的動畫製作方式也受到美術與藝術家的喜愛，如膠片繪製動畫（Drawn on film animation），這是直接在電影膠片上進行繪製的動畫製作技術，也被稱為直接動畫（direct-method animation）或者是無攝影機動畫（animation without camera），以區別於其他需要拍攝圖像或物體的動畫形式。是早期動畫的一種製作方式，也被用於早期的真人電影中，因為這種技術可以使動畫中的角色出現在現實的影像中。

玻璃動畫（Paint-on-glass animation），在玻璃片上繪製作動畫。一般採用油畫的顏料來製作，有時也會用水彩作畫，每一個畫面都是一張可以掛在牆上欣賞的漂亮圖畫。俄國的亞歷山大・佩特洛夫（Aleksandr Petrov）是使用這方面技術有名的動畫師，他著名的作品「老人與海」（The Old Man and the Sea）還獲得了 2000 年奧斯卡最佳動畫短片與 2000 年安錫動畫影展最佳動畫短片、觀眾票選最佳影片的殊榮。

沙動畫（Sand animation），是以沙為材料，通常是在一塊背光的玻璃上灑滿沙子，藉由將沙子推開透出下方的光線來繪製各種圖像，然後拍攝下來，接著逐漸改變圖形以製作動畫。沙動畫在影像上風格獨特，有其他動畫比較難表現的效果，但也因為沙子顆粒大小的關係，很難繪製複雜的圖案。

另一種需要特殊器材的動畫類型為針幕動畫（Pinscreen animation），針幕動畫使用一塊有許多可以活動的針的夾板，然後使用工具將針以不同的長度推出夾板，因而產生深淺不同的灰階，然後一點一點的修改畫面來實現動畫效果。這種動畫技術可以實現一些傳統動畫比較難實現的質地效果。針幕動畫的創始人是俄國的亞歷山大・阿列塞耶夫（Alexandre Alexeieff）和克雷爾・派克（Claire Parker 早期的推手有加拿大國家電影局（NFB）的傑克・度昂（Jacques Drouin）。

動畫的歷史

人類自古以來都有著將描繪的東西讓它動起來的慾望，石器時代的洞穴壁畫八腳牛，就是當時的人想用繪畫的方式表現正在奔跑的野牛，古埃及的壁畫，將連續動作分解成一幅幅的圖畫，希臘的神殿石柱也是把一段故事分解，觀看者要繞著石柱往上看，才能將一段故事看完；甚至還有把希臘運動員的跑步動作分解繪製在陶瓶上，當陶瓶旋轉時，上面的人物就像會動一樣。

中國古代藝師也有著相同的嚮往，早在秦漢時代就有的「蟠螭燈」，在宋代稱作「馬騎燈」也就是清朝俗稱的「走馬燈」，以及起於漢代，興盛於唐宋的「皮影戲」。都是中國藝術家努力將靜態繪畫表現出動態的方法，可是這些都無法產生真正的動態幻覺，直到電影技術的發明，現代動畫才開始成形。

動畫一直以來都被普羅大眾視作是通俗文化，而現代動畫的起始其實是同為通俗文化的漫畫與電影交互影響下的實驗產物，要研究動畫，就必須同時了解漫畫與電影的歷史。

現代的漫畫始祖是源自於印刷術興起之後，在大量印製的報紙與雜誌上所刊登的新聞插圖。這些畫家不再幫王公貴族繪製肖像畫，而是把社會底層的現象繪製成圖畫，或是把名人與政治人物的形象誇張丑化，這種繪畫以諷刺畫(Caricature)為名，也是輿論批判與言論自由的象徵，對於當時文盲比例仍高的歐洲社會，圖像傳達訊息比起文字來的快速。報社為了吸引更多讀者，除了反應新聞時事的諷刺畫，也開始刊登被稱做是卡通(Cartoon)的圖畫作品，卡通內容以詼諧逗趣的故事與笑話為主。卡通漫畫使用比諷刺畫更簡化與可愛的造型，所以獲得廣大讀者歡迎，卡通畫家因應劇情需要，將圖畫的版面變大，畫格數量也變多，畫風也變的寫實，內容開始不僅限於搞笑，各種冒險科幻與神話故事都成為題材，這種多格的卡通漫畫也被改稱作連環漫畫 (Comic Strip)。二十世紀的漫畫家，創造了許多漫畫明星與漫畫英雄，各種各樣的漫畫人物，也滿足了眾多青少年愛慕英雄的心理，如今，隨著電影工業的發展，許多受歡迎的漫畫也順理成章的拍成了動畫電影，我們現在所認知的動畫，基本上是漫畫跟著電影技術與電影美學發展起來的，不論是黑白或是默片電影時期到現代的電腦動畫都跟漫畫有關。

現代動畫與電影的關聯性是十分密切的。但早在電影發明之前，就已經有許多動畫玩具，所以研究動畫史的學家，將動畫史分成膠捲影片前 (Animation befor film) 時期與膠捲影片後 (Film animation) 時期。

膠捲影片前 (Befor film) 時期：

1824 年 英國醫生彼得 ‧ 羅傑 (Peter Roget) 提出“視覺暫留”現象，也就是說人的眼睛具有看到一個畫面，在一定時間內不會消失的特性。當時就開始流行一種將圖像畫在正反兩面的紙片上，然後快速的將紙片翻轉，可以看到兩個影像重疊在一起的玩具，叫做魔術畫片 (Thaumatrope)。

1832 年 法國人約瑟夫 (Joseph Antoine Plateau) 發明了幻透鏡 (Phenakistoscope)，這是把連續動作的圖片畫在一個有觀察孔的圓盤上，然後將圓盤面對著鏡子，使用者旋轉圓盤後由觀察孔看向鏡中的倒影，就可以看到動起來的圖畫。

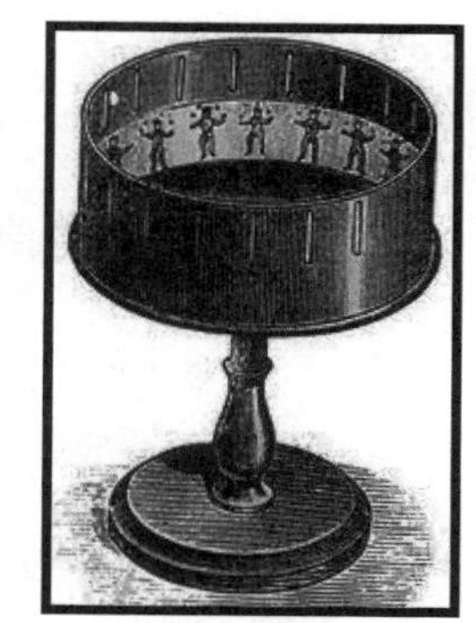

1833 年 英國人威廉・霍那 (William George Horner) 將幻透鏡從圓盤改變成圓桶，圖像畫在可以替換的紙卷上，同樣需要從觀察孔觀看但是不需要使用鏡子。這個發明稱作走馬畫筒 (Zoetrope)。

1868 年 英國人約翰・巴恩斯 (John Barnes Linnett) 提出手翻書 (Flip Book) 的專利。

1877 年 法國人艾米爾・雷諾 (Charles-Emile Reynaud) 改良走馬畫筒，將其與小鏡子及檯燈結合，製作出更精緻，畫面更穩定清楚的實用鏡 (Praxinoscope)，並在 1880 年將實用鏡結合投影機製作出投影實用鏡 (Projection Praxinoscope)，讓影像可以投影在大螢幕上。

1892 年 艾米爾・雷諾創作光學劇場 (Theatre Optique)，這是在透明膠捲上手繪圖案，並且結合兩台投影機將動態影像與靜態背景同時投影在布幕上給戲院的觀眾欣賞，這種直接在電影膠片上進行繪製的動畫製作技術，也被稱為直接動畫（Direct animation）或者是無攝影機動畫（Animation without camera），光學劇場當時在法國造成轟動，不過最後卻因為盧米埃兄弟的實拍電影大受歡迎而逐漸沒落。

膠捲影片後 (Film animation) 時期：

動畫開始真正的被視為一種影片類型，而非幻覺玩具，是在膠捲電影攝影機出現以後才發展起來的，而電影的放映技術是魔術幻燈 (The magic lantern) 投影術與膠捲放映技術的結合，動畫與電影的發展狀況一直是亦步亦趨的。

1893 年 伊士曼軟片公司 (Eastman) 與紐約布萊爾相機公司 (New York's Blair Camera Co.) 制定了 35 厘米底片的規格 (1 又 3/8inches) 。

1894 年 美國人湯瑪斯 ・ 艾迪生 (Thomas Edison's)，四月在紐約公開展示活動電影放映機 (Kinetsocope)。這是一部可以播放膠捲影片的個人觀賞機器。

1894 年 美國人赫爾曼 (Herman Casler) 於 11 月推出妙透鏡 (Mutoscope)，是一台由機械裝置帶動的大型手翻書。只要投入錢幣，就可以藉由轉動把手看到裡頭的不斷翻頁的影像。

1895 年 法國盧米埃兄弟 (Auguste and Louis Lumiere) 公開播映他們使用自己設計的攝影機拍攝的影片，並且使用投影放映機投影在布幕上給觀眾欣賞。這種製作與展現作品的模式也就是現代電影院的雛型，從一百年前一直延續至今。1896 年盧米埃兄弟的電影開始在全世界放映，確立了法國在電影上的歷史地位。

1899 年 英國人亞瑟 · 墨爾本 · 庫伯 (Arthur Melbourne Cooper) 所拍攝的廣告短片「An Appeal」，使用了定格動畫技術，讓火柴棒人在黑板上寫字，是現存最早的停格動畫 (Stop-moction Animation)。

1899 年 美國肖像漫畫家詹姆斯 ・ 史都華 ・ 布萊克頓 (J. Stuart Blackton) 和史密斯 (Albert E. Smith)，使用玩具模型共同做出了停格動畫影片「矮胖馬戲團」(The Humpty Dumpty Circus)。

1906 年 世上第一部動畫影片「滑稽臉的幽默面」(The Humorous Phases of Funny Faces) ，由布萊克頓完成，片中結合了真人與停格動畫技巧。

1907 年 布萊克頓拍攝「鬼旅店」（The Haunted Hotel）使用停格動畫技法，讓無人拿著的刀子切麵包，咖啡壺自己倒咖啡，還從壺裡鑽出一個自己會動的木偶小精靈。

1908 年 法國漫畫家艾米兒・柯爾（Emile Cohl）拍攝第一部一系列的動畫影片「幻影集」（Fantasmagorie），利用攝影停格技術，加入變形和轉場效果，也結合了真人和動畫動作。並於 8 月在巴黎進行首映，而艾米爾也是世界上第一個職業動畫片製作家，在 1908-1918 年之間，繪製了約 100 部動畫片。而亞瑟・墨爾本・庫伯也在同年發表短片「Dream of Toyland」，大量使用定格動畫技術，使各式玩具如同有了生命一般動了起來！

1911 年 美國漫畫家溫瑟・麥凱（Winsor McCay）將他在報紙上連載的漫畫「小尼莫 (Little Nemo) 製作成動畫影片。

1912 年 俄國拉迪斯洛夫・史塔威奇 (Ladislaw Starewicz) 使用昆蟲標本與細鐵絲，拍攝出以昆蟲為角色的停格動畫「攝影師的復仇」(The Cameraman's Revenge)

1914 年 拉烏爾・巴瑞（Raoul Barre）與艾迪生工作室的比爾・諾蘭 (Bill Nolan) 在紐約設立第一間動畫公司巴瑞諾蘭工作室 (Barre-Nolan Studio)，發展第一套固定動畫紙的動畫系統。

1914 年 溫瑟・麥凱（Winsor McCay）創造出影史的經典「恐龍葛蒂」（Gertie Dinosaur），角色具有個性，並將真人與角色安排成互動的演出。

1915 年 約翰・布雷工作室 (John Bray Studios) 的易爾・赫德（Earl Hurd）用

賽璐璐片(cel technique)代替動畫紙，將動畫描繪於賽璐璐片，成為現代傳統動畫片的基本製作方式。

布萊克頓在黑板上實驗性的畫出史上第一部動畫影片「滑稽臉的幽默面」之後，後繼的幾位如後世公認為動畫片之父愛米兒．柯爾與溫瑟．麥凱等所製作的動畫，角色全都是以卡通漫畫(Cartoon)的形式展現的，所以卡通一詞從此由漫畫轉變為一種動畫風格，叫做卡通動畫(Cartoon Animation)。漫畫的造型設計影響著初期的動畫風格，而動畫的製作手法也影響著後來電影特效的製作方式，而電影的鏡頭語言又影響著漫畫的圖像設計與敘事方式。所以漫畫、動畫與電影彼此之間互相學習與成長著。

1915 年 馬克思與大衛芙萊雪兄弟(Max and Dave Fleischer)使用他們發明的機器，將真人拍攝的影片動作轉描(rotoscoping)成動畫，可以說是最早的動作捕捉技術。

1919 年 奧圖．梅斯莫(Otto Mesmer)將澳洲漫畫家派特．莎樂文(Pat Sullivan)的漫畫角色「菲力貓」(Felix the Cat)改編成動畫影片，也是第一個獲得廣大觀眾歡迎的卡通明星！菲力貓動畫延用了很多漫畫的表現，像是尾巴會變成問號，梅斯莫賦予菲力貓獨特的個性，並設計了好幾款的表情和姿勢，使得菲力貓在眾多動畫角色中脫穎而出，成為美國當時最受歡迎的卡通角色，玩具、唱片、貼紙各種琳琅滿目的週邊商品，也建立起一個以兒童為銷售目標的新市場與電影銷售模式。

1928 年 迪士尼推出首部在底片上紀錄聲軌(sound-on-film)的「米老鼠」(Mickey Mouse)動畫片「汽船威利」(Steamboat Willie)，生動且具有創意的音效與音樂大受好評，也使得米老鼠取代逐漸沒落的菲力貓，成為新一代的動畫明星！

1929 年 迪士尼首席動畫師烏布·依沃克斯(UB Iwerks)的骷髗之舞(The Skeleton Dance)，是迪士尼傻瓜交響樂(Silly Symphony)系列的首部作品，詭異的氣氛與搞笑的動作跟音樂搭配，在當時引起不少話題。

1930 年 華納兄弟製片廠卡通部(Warner Brothers Cartoons)成立，創作樂一通秀(Looney Tunes)，也塑造了兔寶寶(Bugs Bunny)，達菲鴨(Daffy Duck)與豬小弟(Porky Pig)等經典角色。

1932 年 迪士尼推出第一部彩色動畫影片花與樹(Flowers and Trees)，當時的真人電影大多還是黑白的，花與樹鮮豔的色彩讓觀眾大為驚豔，也突顯出動畫藝術的特性。本片贏得第五屆奧斯卡金像獎首次頒發的最佳動畫短片獎項。

1937 年 迪士尼致力開發新動畫製作技術，多層式攝影架可以讓平面的動畫產生遠近變化的視覺效果，老磨坊(The old mill)是第一個使用此技術的影片，同樣贏得了當年的奧斯卡金像獎最佳動畫短片。

1937 年 迪士尼推出彩色動畫長片白雪公主與七個小矮人(Snow White and the Seven Dwarfs)。此片寫實與細膩的動作，充滿特色與喜感的角色獲得廣大觀眾的喜愛，也為迪士尼的動畫王國奠定歷史地位。

1940 年 在劇情長片白雪公主獲得成功之後，迪士尼想要將動畫的藝術性更進一步提升，推出結合了古典音樂與動畫的幻想曲(Fantasia)。

1943 年 UPA(United Production of America)公司的極簡與設計風格與迪士尼寫實細膩截然不同，但其有限動畫的表演影響了後續的創作者。

1958 年 漢納芭芭拉公司(Hanna-Barbera)在電視上播映哈克狗(Huckleberry Hound)動畫影集，使用有限動畫(Limited animation)的技術，藉由減少作畫張數與重複使用動作與口型替換，縮短動畫製作的時間與降低成本，這也是第一個在電視上每集播放超過 30 分鐘的動畫影集。

迪士尼、華納與漢納芭芭拉建立起美式卡通動畫的樣貌，有著表演細膩的角色動畫(Character Animation)，也有著簡單有趣的有限動畫，也讓全世界孩童深深受到卡通動畫的吸引，進而影響了日本以及全世界的動畫產業。

動畫製作流程

現在打開電視，不管什麼時段幾乎都可以觀賞到卡通影集，有針對青少年視聽群的格鬥動畫或校園喜劇，或是針對年齡層較低兒童的可愛變身系列，題材可說是包羅萬象。目前也有專門節目在固定時段播映卡通影集，例如前幾年的首華與中都卡通台，現在的迪士尼頻道、Cartoon Network、東森幼幼台與富邦 momo 台；若是電視卡通看不過癮，還可以期待暑假或聖誕假期的動畫長片，而且總是能創下票房佳績；網路時代還有在網路影音分享平台上可自由觀賞的個人製作動畫短片，現在已經是動畫傳播的新時代。

根據網路資料指出，日本 2012 年每季的『新番動畫』（意指當季新推出的動畫作品）數量竟達三十部以上！製作需耗費高密集勞力的動畫，竟能成為高度發展的市場商品，衍生的利潤更是驚人，其背後不可欠缺的是經過精密計算且準確的製作流程。本章節以 2D 手繪動畫著名的日本動畫業界，以及製作 3D 動畫長片最具代表性的皮克斯動畫工作室為例，為讀者揭開動畫製作的神秘面紗。

日本動畫影集製作流程

在日本動畫公司大致上分為兩類：一為偏重動畫製作執行層面，負責主要製作工作的『動畫製作公司』（日語原文為アニメ制作会社），營運業務多為動畫上色、特效、攝影與配音…等；著名的動畫製作公司包括歷史悠久的『京都動畫』（京都アニメーション）以及製作鋼彈系列動畫的『SUNRISE 動畫』

（サンライズ）…等多家公司。

另一類則是負責動畫籌畫部份的『企劃公司』（日文為プロダクション或簡稱プロ，英文原意則是 production），例如漫畫家手塚治虫所成立的『虫プロ』以及製作『科學小飛俠』（原名科學忍者隊）聞名的『竜の子プロ』皆是。動畫企劃公司主要業務則多為前置作業，例如劇本提案與分鏡製作、預算與工作時程規劃、原畫與導演…等。日本電視動畫與歐美電視動畫最明顯的不同在於導演制，歐美的動畫影集通常是由兩三位不同的導演分工，分別負責不同的集數；但是日本的動畫**影集**卻是如同歐美電影一般，常由一位導演來負責整部動畫的所有集數，這樣的作法可以確保整部動畫的前後的風格一致，動畫愛好者也可以藉由導演挑選出適合自己喜好的動畫影片風格。

以日本動畫公司為例，動畫影集導演負責的工作大致如下：

前置作業

- 與製作人、劇本作家或原著家討論並決定動畫腳本。
- 與角色設計、背景美術、色彩指定（視劇情有時還有機械造型設定師）討論作品風格與走向確認。

製作作業

- 動畫分鏡 (storyboard) 製作，有時也會交由副導演製作。
- 與副導演確認每集進度與風格。

後製作業

- 剪輯影片與特效合成。
- 指導配音員符合角色個性的演出。
- 監督影片的音效與配樂風格。
- 出席作品試映會與上映後的相關宣傳活動。

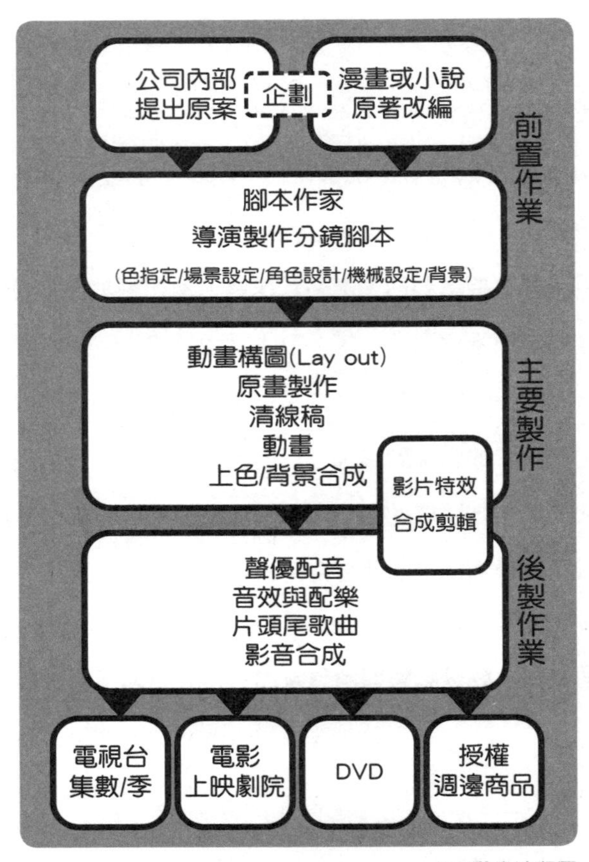

2D 動畫流程圖

動畫長片製作流程

迪士尼公司現今仍然是卡通電影界的龍頭老大，由該公司所開發出的傳統動畫生產線模式，至今依然是全世界動畫公司的作業標準。然而對以電腦動畫起家的皮克斯動畫工作室來說，雖然現今電腦動畫製作技術已經與傳統手繪完全不同，但皮克斯藉由與迪士尼公司的相互交流，傳承了迪士尼最注重的創意發想與說故事方式，與擅長的電腦數位技術做出最完美的結合。

皮克斯動畫工作室的內部分工與大部分動畫公司相去不遠，不過當年成立時是以電腦設備與軟體技術為主要業務，因此皮克斯很早就有專門開發的電腦動畫製作系統與軟硬體支援。

以皮克斯動畫長片為例，製作流程大致如下：

一、 創意發想

導演要先以簡單的文字腳本向開發部門提案，並且要能夠生動的敘述故事，因為若是連公司內部人員都不覺得有趣，怎能說服一般觀眾買票觀賞呢？此時期的文字劇本內容可以天馬行空，甚至有多種不同發展方向，不過提案失敗的例子不少，但許多有趣的情節往往都是從失敗的提案中又被拿回來使用的。

二、 故事板製作

將通過的文字劇本轉成圖像；這時期會請專門繪製故事腳本的藝術家，將文字描繪成有角色的草圖，並貼在牆上給其他工作人員討論，仔細考慮角色動作、台詞與劇情關聯；確認導演風格並引導故事發展。通常不會畫的太過仔細，以能夠看清楚故事重心與創意為主，此時期的角色造型，與最終完成版的角色造型有著很大差異是常有的事情。

三、 動態腳本製作

故事板僅是簡單的草圖，確認劇情重心後進入動態腳本製作部份。將故事腳本的草圖簡單進行剪接，並配上台詞與簡單的音效。因為貼在牆上的故事板，大家的時間感受不盡相同；而且一句台詞可以有好幾種唸法，不同的聲音表情都會詮釋出完全不一樣的情緒。因此動畫導演在這階段的工作就是進錄音室，跟著扮演角色的演員們確定聲音情緒是否正確，之後在決定劇情時間長度與運鏡方式…等等細節。

四、 藝術風格確立

此時就是藝術部門的藝術家們出場時刻了。依照劇本進行視覺風格設計；包括場景設計、細部道具、與主要色彩；並且巧妙地安排動畫場景裡的光線，襯托出角色的心境…等。此時期的色彩與燈光設計，都將左右作品日後在電腦動畫如何打光的依據。

五、 角色與場景建模

建模人員會從公司內部專屬的模型庫找出幾個相近的模型進行劇中角色與道具、場景建製，並且依照劇情設定好角色模型上的控制器。此時動畫導演通常會在一旁與建模師討論，確認場景與角色的比例、道具細節是否能讓觀眾採信，並符合故事風格。建模完畢後會依照劇情，在3D 場景建立多台攝影機，並試著觀看同樣的劇情在不同的鏡位所呈現的效果。

六、 動畫製作

至此階段時故事劇本、角色與場景建模、音效與台詞都已經完成，已經進入數位時代的動畫師們不需像傳統工作流程一般埋頭苦畫；他們的工作內容比較像是操偶師或演員，使用公司內部的動畫軟體，操作已經設定好的角色控制器開始演戲，依照劇情與事先配好的聲音，讓角色做出該有的動作與表情。

七、 燈光與算圖

數位燈光師與專業的CG材質高手接過有聲音有動作的檔案，此時幾乎已經是完整的影片了；但是全部的角色跟場景看起來還是有如水泥似地冷硬，還須經過如同真實舞台效果的打光、補光與反射光，以及指定不同部位各樣材質，例如蓬鬆毛髮或布料、塑膠、木頭…等，讓場景的真實度大幅增加，這也是注重細節與寫實風格的皮克斯動畫特色。一但經過導演確認後，就會透過公司內部的算圖農場(Renderfarm)進行算圖。算圖相當耗時，但是算出來並不是影片，而是單張的序列影格圖檔，有時候一張影格就得算上幾十小時。因此前面每個步驟的確認非常重要，等到算完圖才發現有瑕疵需要重新製作，修改加上再送去算圖的時間成本是非常昂貴的。

八、 配樂音效

動畫導演會與數位剪接人員以及音效師共同在試片室工作，配上事先錄製好的音效，確認電影音樂與歌曲的音量，最後完成影片。

九、 相關放映宣傳 DVD 製作

自從皮克斯與迪士尼合作之後，皮克斯的動畫電影便交由迪士尼公司負責發行事務。包括上映劇院、時間、宣傳活動、廣告片製作以及週邊商品製作 DVD 販售，等戲院放映之後開始販售 DVD 光碟，以及後續的各國版權接洽與發行。

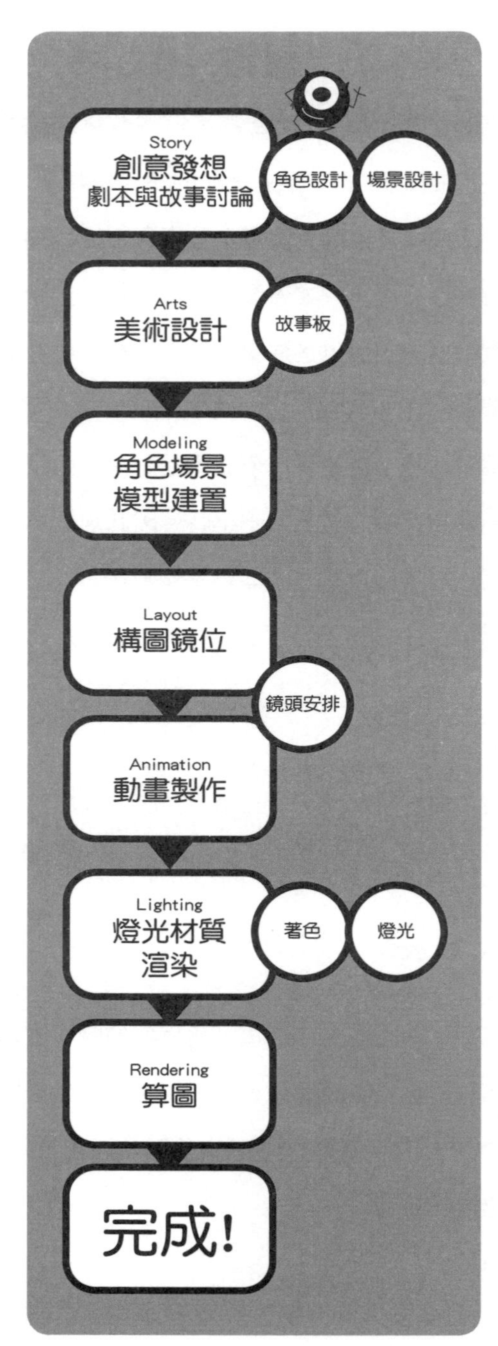
Story
創意發想
劇本與故事討論
角色設計
場景設計
Arts
美術設計
故事板
Modeling
角色場景
模型建置
Layout
構圖鏡位
鏡頭安排
Animation
動畫製作
Lighting
燈光材質
渲染
著色
燈光
Rendering
算圖
完成!

3D 動畫流程圖

動畫與電影特效

電影特效緣起於劇場的魔術表演，除了特殊化妝、線控道具與煙霧之外，也使用攝影暗房的技巧如重複曝光與遮罩疊印，而影片暫停與停格拍攝則是電影這種媒體特殊的表現手法，也因為這種特性使得影片創作者得以實現各種天馬行空的幻想，呈現在世人眼前。

1894 年 艾迪生使用暫停技巧(stop-trick)拍攝了一段名為「瑪莉皇后處刑記」的影片(The Execution of Mary Queen of Scots)用在活動電影放映機中播放，手法是先拍攝真人動作，然後停止攝影機，將真人替換為假人再繼續拍攝的方式。

1896 年 法國魔術師喬治．梅理耶（Georges Melies）使用暫停動作替換（stop-action substitute）技巧並且應用在自己的機巧電影(Trick Films)「恐怖城堡」(The Haunted Castle)之中。突然出現與消失的各種道具，神出鬼沒的妖怪，如同魔術表演般的視覺效果在當時掀起不小的轟動！

1900 年 艾迪生為了試驗他所發明的電影攝影機，請漫畫家詹姆士布萊克頓繪製肖像並且將過程拍攝下來，此影片稱作「奇妙的圖畫」

(The Enchanted Drawing) 其中就有運用暫停攝影機的方式，讓布萊克頓可以從他所畫的圖中拿出一頂高禮帽，後段自己會作畫的圖畫也具有停格動畫的樣貌。

1902 年 喬治・梅理耶創作科幻電影「月球之旅」（A Trip to the Moon），融合了多重曝光(multiple exposures)、延時攝影(time-lapse photography)、畫面溶接(dissolves)、暫停動作替換(stop-action substitute)和「停格攝影」等技巧，在還是黑白電影的時期，利用手繪上色(hand-painted)將電影的視覺技巧運用到極致。同時間，艾迪生也使用停格拍攝的技巧拍攝了「有趣的麵包坊」(Fun in a bakery shop)讓麵包師父丟在牆上的麵團快速變成一張滑稽的臉。

1903 年 艾迪生的攝影師(Edwin S. Porter)導演並拍攝了「火車大劫案」(The Great Train Robbery)，這部影片中使用了多重曝光與遮罩去背的技巧，使靜止拍攝的火車窗外有著移動的風景，也使用了跳接(Jump-cut)與溶接(cross-cuts)的剪接手法去敘述時間流逝與場景的變換，以及同時間在不同地點發生的事件。

此時在影片中使用暗房與剪接技巧製作特效已經非常的流行，也有不少作品使用停格動畫技術，其中最知名的是西班牙導演賽岡多・德・喬蒙(Segundo de Chomón)，融合喬治・梅里葉與艾米兒・柯爾的停格動畫技

巧在 **1908** 推出影片「恐怖小屋」(The Haunted House) 與「電動酒店」(Electric Hotel)。影片使用了線控道具、暫停動作替換、重複曝光以及停格動畫！「恐怖小屋」使用停格動畫讓餐具自己動起來，將鬼屋的詭異氣氛發揮到極致。「電動酒店」則是大量使用停格動畫表現自己會移動、收納的的行李箱，以及自動綁頭髮的機器…等等。**1921 年** 芙萊雪兄弟創作「墨水瓶小丑」(Out of the inkwell)，使用轉描技法，先拍攝真人動作，投影在畫紙上描繪小丑，使得卡通角色有著真人般的細膩動作，並且可以與實拍場景及演員有互動。

1924 年 華特 · 迪士尼 (Walt Disney) 成立迪士尼兄弟工作室，開始製作真人與許多卡通角色一起演出的愛麗斯系列影片 (Alice Comedies Series)。許多小朋友看到真人演出的愛麗斯與卡通人物一起在大螢幕上出現並互動，為此深深的著迷，也讓華特迪士尼開始製作一系列真人與卡通合演 (Film with live action and animation) 的電影作品。

1925 年 威利斯 · 奧布萊恩 (Willis O'Brien) 使用縮小模型、停格動畫技術拍攝出「失落的世界」(The Lost World)，寫實的畫面與生動的恐龍，震撼當時的觀眾，該電影立下停格動畫特效影片的里程碑！奧布萊恩接著在 **1933 年**拍攝金剛 (King Kong)，加入遮罩 (matte) 技術，讓恐龍與大猩猩在女主角面前大打出手！

1953 年 停格動畫特效師雷 · 哈利豪森 (Ray Harryhausen) 發展出獨特的 Dynamation 技術，將事先拍好的影片投影在停格動畫模型後方的佈景，然後利用遮罩將演員的部分保留下來，最後再進入暗房合成，製作出更為寫實的畫面。最廣為人知的是在 **1963 年**「傑森王子戰群妖」(Jason and the Argonauts) 一片中，主角群同時與許多骷髏戰士對打，成為停格動畫特效電影的經典畫面。

1964 年 迪士尼公司推出真人與卡通角色同時演出的電影「歡樂滿人間」(Mary Poppins)，動態的彩色背景以及卡通人物與真人演員的互動十分有趣，也是首先使用鈉氣燈光去背 (sodium vapor process) 又稱黃背景 (yellowscreen) 去背法的電影，也是第一個拿到奧斯卡特殊視覺效果獎項的電影。

1960 年代電腦科技的發展開始有明顯進步，電腦螢幕與電腦繪圖 (computer generated image CGI) 技術也開始應用在電影作品之中，但是畫面還是不夠寫實，通常是用來描繪腦螢幕或是抽像的電子世界。電腦動畫最早起始於 **1963 年**麻省理工學院 (MIT) 博士伊凡．蘇澤蘭 (Ivan Sutherland) 發明繪圖板 (Sketchpad) 開始，這是人類第一次可以直接使用光筆在電腦螢幕上繪製向量線條並且由電腦製作變形動畫，是有史以來第一個交互式繪圖程式，奠定了計算機圖形學、GUI（圖形界面）和 CAD（電腦輔助設計）的基礎。之後由於電子遊戲產業的蓬勃發展，點陣繪圖與影像處理技術也快速進步，而好萊塢第一個在電影中使用 2D 電腦生成畫面的是 **1973 年**的「鑽石宮」(Westworld)，使用馬賽克般的電腦動畫，用來當作機器人看到的視覺畫面，**1976 年**的續集「翡翠窩大陰謀」(Future world) 則是第一個使用 3D 電腦生成畫面的電影，片中的科學家在電腦螢幕中創造簡單的 3D 人臉與手部模型。

1970 年代電影動畫特效的使用依然是以停格動畫為主，但是在 **1977 年** 喬治．盧卡斯 (George Lucas) 創立光魔工業公司 Industrial Light & Magic (ILM) 拍攝「星際大戰第四集：曙光乍現」(Star Wars Episode IV： A New Hope)，片中大量的使用停格動畫、動態控制攝影機、遮罩以及 3D 電腦動畫，創造無與倫比的視覺感受，大受觀眾歡迎！也讓此片獲得奧斯卡最佳視覺特效獎的榮譽！ **1978 年**的超人第一集 (Superman： The Movie) 則是第一個使用電腦生成圖像來製作片頭的電影。電腦動畫的潛力從此開始被電影業重視，**1979 年**就有「異形」(Alien)、「黑洞」(The Black Hole)、「星艦迷航電影版」(Star Trek： The Motion Picture) 使用電腦動畫製作的影像特效。

1980 年代電腦繪圖技術突飛猛進，已經不再是簡陋的線條與色塊，而是色彩鮮豔造型寫實的圖像。ILM 在 **1982 年**製作「星艦迷航電影版第二集」(Star Trek II： The Wrath of Khan) 長達一分鐘的星球爆炸與凝固的影片，首次使用碎形運算生成景觀 (fractal-generated landscape) 與粒子動畫系統 (particle-rendering system)，也是史上第一個全電腦繪圖影片 (computer-generated sequence)，之後 ILM 幾乎成為了電影視覺特效的代名詞。同時 **1982 年**對於電腦動畫史來說是個特別的年份，因為「電子世界爭霸戰」(Tron) 的上映，這是第一部將真人與電腦動畫合成演出的電影長片，利用全 3D 動畫創作出虛擬的電子世界，也創造經典的光輪機車 (Lightcycle) 競速畫面。

傳統動畫電影的代表公司迪士尼也沒有在這波電腦動畫熱潮中缺席，迪士尼動畫師約翰・拉薩特 (John Lasseter) 於 **1982-83 年**間，製作了實驗性的動畫影集「野獸冒險樂園」(Where the Wild Things)，雖然最後沒有推出，不過也讓約翰・拉薩特看到使用電腦動畫應用在傳統動畫的趨勢，進而成為以電腦動畫知名的皮克斯 (Pixar) 動畫工作室的創始人之一。

1980 年代是電腦動畫的起飛時期，動畫在電影中的應用方式也開始有了區分。像是 ILM 強調的是可以應用在真人電影裡的寫實特效，1987 年成立的動感原色工作室 (Rhythm & Hues studio) 致力於虛擬動物的表現，迪士尼則是強調電腦動畫要能夠與手繪動畫融合，1986 年成立的皮克斯則是致力研究如何使用 3D 電腦動畫來製作卡通角色動畫。

迪士尼在 **1985 年** 推出「黑神鍋」(The Black Cauldron) ，首次在片中加入電腦動畫製作的 3D 黑神鍋，以及飛濺的數位火焰。本片的動畫師之一提姆・波頓 (Tim Burton) 後來轉為製作長篇偶動畫電影，**1993 年**的「聖誕夜驚魂」(The Nightmare Before Christmas) 便是他的傑作。迪士尼繼續在 **1986 年**推出的電影「妙妙探」(The Great Mouse Detective) 當中使用電腦動畫技術，讓手繪的動畫角色在 3D 製作的鐘樓齒輪背景中穿梭。迪士尼在後續的「救難小英雄」(The Rescuers Down Under 1990) 與「美女與野獸」(Beauty and the Beast 1991) 等動畫長片，也應用了許多電腦動畫技術。

ILM在喬治．盧卡斯的帶領之下，在史蒂芬．史匹柏(Steven Spielberg)製作的「少年福爾摩斯」(Young Sherlock Holmes 1985) 片中，第一次製作出全 3D 並且如相片般寫實(photorealistic)的電腦動畫角色，是一個從教堂彩繪玻璃中跳出來的中古世紀武士。在 **1986 年**的「魔王迷宮」(Labyrinth)中，製作出第一隻寫實的 3D 動物角色，一隻白色的貓頭鷹。之後於 **1989 年**與科幻大導演詹姆士．柯麥隆(James Cameron)合作推出「無底洞」(The Abyss)作出栩栩如生的水觸角。以及 **1991 年**「魔鬼終結者 2」(Terminator 2：Judgement Day) 中可任意變形的液態金屬機器人。而最能代表寫實電腦動畫發展里程碑的則是 **1993 年**由史蒂芬．史匹柏所導演的「侏儸紀公園」(Jurassic Park)，活靈活現的動畫恐龍在螢幕上奔馳著，讓許多人驚豔於電腦動畫的強大能力，也代表視覺特效進入新的時代。

在電影特效強調寫實的時代，卻有人反其道而行，迪士尼、華納兄弟製片廠(Warner Bros)與米高梅電影公司(MGM)於 **1988 年**推出由真人與手繪卡通角色合成演出的電影，「威探闖通關」(Who Framed Roger Rabbit)，真人卡通合演雖然不是新鮮事，但是本片在角色的光影變化、立體感塑造以及與真人對位互動的效果都是電影特效歷史上的里程碑。

皮克斯動畫工作室一直致力於使用電腦繪製角色動畫，**1986 年**的「頑皮

跳跳燈」(Luxo Jr.) 是導演約翰・拉薩特與威廉・里夫斯 (William Reeves) 初試啼聲之作，整部動畫全由電腦製作，雖然是只檯燈，卻能看出角色個性與靈活的動作。之後約翰・拉薩特在 **1988** 推出「小錫兵」(Tin Toy)，有趣的劇情與表演，讓此片拿下奧斯卡最佳短片獎。有了此片的基礎，皮克斯終於在 **1995 年**推出世界上第一部全 3D 電腦動畫長片「玩具總動員」(Toy Story)，為動畫與電腦特效史立下了新的里程碑，也代表電腦動畫時代正式開始。

21 世紀的今天，在戲院上映的電影很少沒有經過數位去背、調色處裡或沒有加入電腦動畫的特效，日本動畫導演押井守曾說過：「數位技術普及化之後，未來所有的電影都是動畫片」。以後我們在欣賞及創作影片之餘，也要記得向過去這些動畫藝術的開創先鋒致敬。

國際動畫影展

動畫融合音樂與電影文化，也是結合高度想像力的表演藝術；目前世界各國都有自已的動畫影展，不但是向大眾介紹各國動畫藝術的最佳舞臺，亦是動畫導演、創作者之間與觀眾相互交流的大好時機。有的動畫影展歷史悠久，例如被譽為動畫界奧斯卡的法國「安錫動畫影展」，在六 O 年代開始專門展出動畫作品，許多世界知名的動畫作品在此發光發熱。也有隨著電腦動畫藝術誕生，雖歷史淵遠尚年輕，但已越來越受到重視的動畫影展與論壇，如 SIGGRAPH 年度會議等；接下來將介紹較具代表性的幾項國際動畫影展。

安錫動畫影展
Festival International du Film d'Animation d'Annecy

在法國靠近瑞士的山城 - 安錫(Annecy)所舉辦的動畫影展，是重量級的國際動畫影展，也是國際動畫協會(International Animated Film Association)認可的四大動畫影展之一；其規模與重要性，是全世界的動畫影人視為一生必參與一次的盛會。影展始於 1960 年初期；原本為每兩年舉辦一次，自 1998 年後改為一年一次。影展的前身原隸屬於坎城影展，在政治與許多因素考量下，便逐漸將展覽重心轉移至

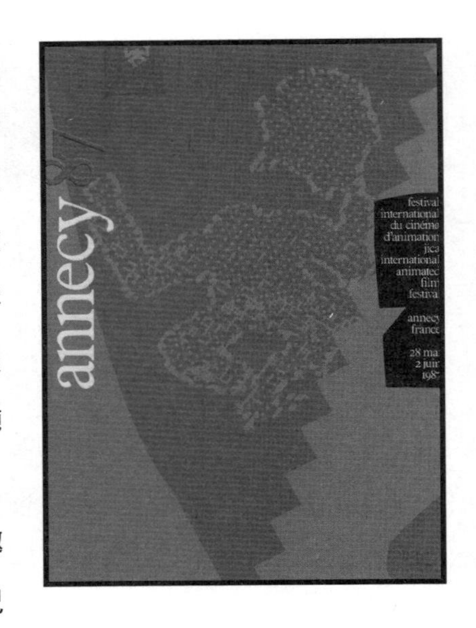

位於法瑞邊界的安錫。原本以觀光與農業為主要經濟來源的小城，成為影展主辦地點後，搖身一變成為動畫迷與專業動畫人士齊聚的國際知名動畫展代名詞。經過數十年的影展歷練，每年參觀影展的觀光客所帶來的周邊經濟利益，也帶動比原本農業為主更繁榮的商業活動。影展並非單純提供動畫影片播映平台而已；在影展期間，主辦單位會同時舉辦國際論壇與演講，邀請知名動畫導演到場探討動畫創作的近況與遠景，並分享創作經驗，帶領觀眾展開一場過去、現在與未來的動畫旅程。影展內容主要有四大項目，分別是創意焦點(Creative Focus)、國際動畫電影市場展(Mifa)、研討會(Seminar)以及競賽(Competition)。

● 創意焦點(Creative Focus)

創意焦點影片徵件內容主要四大類別：動畫短片、動畫長片、電視影集、以及跨媒體。原意希望能給動畫新秀嶄露頭角的機會，如果製作者為了新片資金苦惱，可將計畫書、影片草圖或腳本，參加此項徵選。評選委員會由專業人員組成，此項徵選入圍者將有機會藉由影展介紹自己的作品；順利的話能得到贊助製作人的賞識，並幫助入圍者爭取更多曝光及合作的機會。

● 國際動畫電影市場展(Mifa)

主要提供世界各地動畫業界之間的商業交流，主要參展對象是動畫公司、電視台、影音公司、動畫工作室、版權交易會 ... 等業界專業人士。展覽中亦提供動畫業者相互尋找合作夥伴的媒合活動，因此對有意尋找國際動畫技術交流與合作的動畫公司相當有助益。

● **研討會 (Seminar)**

通常會請到各界學術單位相關領域的教師與學者與會，是發表動畫專業技術論文的好機會。

● **競賽 (Competition)**

安錫動畫影展為競賽類的影展，也就是參展影片須經過徵選競賽，才能獲得播映的機會，並角逐大小獎項與獎金。類別包括短片，劇情長片，電視，商業片以及學生畢業影片等。過去在長篇動畫獲獎的經典作品有來自日本宮崎駿的「紅豬」、高火田勳「平成狸合戰」、香港的「麥兜故事」、法國「嘰哩咕與女巫」…等動畫電影。

安錫動畫影展於 2004 年特立台灣動畫專題單元 Welcome Taiwan，並有三部由國立台南藝術大學動畫所學生製作的動畫短片參加。近年來也有許多台灣動畫優異作品進軍影展，嶄露頭角。2009 年有馬匡霈的「『我說啊…，』我說」（The Soliloquist）、李惠珊的「祝我生日快樂」（Happy Birthday to Me)、許竹伶的「珍重再見」(Farewell）入圍畢業學生影片類，其中馬匡霈作品更是奪下此類組的特殊榮譽獎，成為台灣動畫史上難得的殊榮。

薩格雷布國際動畫影展

Zagreb World Festival of Animated Film

薩格雷布國際動畫影展成立於 1972 年，與法國安錫、日本廣島、加拿大渥太華並稱四大國際動畫展；因在歐洲東南部的克羅埃西亞共和國的首都—薩格雷布 (Zagreb) 舉辦以得其名。薩格雷布市被稱為歐洲動畫創作的搖籃，原本為沒沒無聞的工業都市，1956 年成立了薩格雷布動畫製片廠 (The Zagreb School of Animation)，沉悶的小鎮因此搖身一變，成為東歐動畫藝術人才的聚集地。也讓東歐除了原本的雕刻藝術以外，薩格雷布製片的藝術動畫更加揚名國際。

早期法國安錫動畫影展跟薩格雷布動畫影展，是由兩個主辦單位每年交換輪流舉辦；單數年由法國安錫舉辦，雙數年則是輪到薩格雷布。在 1998 年安錫動畫影展改為每年舉辦後，兩影展的合作機制也隨著消失。但也正因兩影展的走向與風格不太相同，區隔開來之後，更加確立了彼此的展覽精神。法國安錫影展重視商業市場，除了影片展覽外，還有各類媒體競賽、新秀計畫、動畫論壇與提供各國業界交流的市場展⋯等多項活動，可用八面玲瓏來形容。而薩格雷布國際動畫影展主要以動畫導演為主，曾有動畫導演開玩笑的說：「參加法國安錫動畫影展就像上班，必須要全力衝刺充滿緊張感。但到薩格雷布參展就像回到母校或故鄉，可以跟同好盡情談論動畫。」以導演作為主角的薩格雷布影展，通常是以大廳加小廳的放映場方式，於放映後開放座談會，建立導演及觀眾之間面對面的對話機制。相較起安錫動畫影展龐大的規格，薩格雷布動畫影展規模雖然較小些，但創作精神與獨特的東歐動畫藝術文化，總讓許多年輕動畫創作者心神嚮往，亦獲得世界各地動畫人的尊敬及認可。

廣島國際動畫節

從 1960 年代開始，國際動畫協會 (ASIFA) 開始著手藉由國際動畫影展推廣動畫藝術，與增加國際間的交流；1980 年初時任 ASIFA 日本分部的負責人 - 木下蓮三，與日本知名動畫導演手塚治虫與川本喜八郎等人，向國際動畫協會接洽，希望能在亞洲舉辦國際動畫影展；日本的廣島市因為第二次世界大戰時，遭受原子彈的攻擊，造成相當嚴重的傷亡與後遺症；發起人之一的木下蓮三主張反核，其代表動畫作品便寫實地描繪出原爆當時怵目驚心的情景。廣島市在戰後致力於消滅核武，所秉持著追求和平的反戰觀念，與國際動畫協會宗旨：「動畫促進人類和平」的理念接近；另外渴望世界和平的廣島市希望能藉由國際活動展覽，拉近國際距

離。1984 年，國際動畫協會選擇了日本廣島市作為首選城市，並於次年正式舉辦了第一屆亞洲國際電影動畫節，那年也正是廣島原爆的四十周年紀念日；廣島動畫影展以「愛與和平」作為主題與出發點，向世界發聲；這也是日本首次舉辦規模如此宏大的國際動畫影展；之後每兩年舉辦一次，成為亞洲最大的動畫影展，也成為日本最具代表性影展之一。

日本廣島動畫影展與法國安錫動畫影展皆是由ASIFA發起，影展內容架構大致上很接近；不同點是，安錫影展參展作品多為歐美的動畫創作，廣島動畫影展則以亞洲作品居多。廣島動畫影展內容包羅萬象，整個展期就像是嘉年華會，包含主要的影片競賽、座談研討會與相關展覽，以及針對一般民眾的動畫工作坊、活動；也跟法國安錫影展一樣，有提供動畫業界交流的市場展…等。廣島動畫影展相當重視低年齡層的觀眾，每年都會有以兒童為主題的動畫影片與相關活動，讓小小觀眾們也能進場看電影，感受動畫帶來的趣味。

近幾年影展催生者元老們紛紛過世，目前則是由動畫導演木下蓮三的妻子也是 ASIFA 副會長木下小夜子繼承遺志，擔綱影展主要執行長。

渥太華動畫影展

Ottawa International Animation Festival

提到加拿大的渥太華動畫影展，就一定要先提到諾曼・麥克拉倫(Norman McLaren)這位動畫大師。諾曼・麥克拉倫是加拿大的電影導演，1930 年代就已經大膽地嘗試以逐格拍攝的方式製作實驗動畫。代表作品有真人動畫 「鄰居」(Neighbours1952)、物件動畫 A Chairy Tale (1957) 以及使用重複曝光技巧的「雙人舞」(Pas de Deus 1967)…經典影片。他在 1939 年於加拿大國家電影局總部 (National Film Board of Canada)(簡稱 NFB) 中，創立了動畫部門，並積極招募動畫人才。動畫導演可以自由地使用公司內部任何設備進行影片創作；年輕的動畫師與經驗老到的電影導演共同合作，分享嶄新的創意與影片製作技術，加上資源充裕的硬體設備環境，NFB 出品的動畫短片多次榮獲奧斯卡獎與國內外大小獎項以及影展常客，很快地成為北美洲最具指標性的動畫製作機構。

1975 年，NFB 開始籌劃舉辦自己的動畫影展，集結眾多優秀的加拿大導演動畫作品，隔年開展就迅速引起世界動畫人的注意。1997 年 NFB 為鼓勵動畫新秀與動畫教育，舉辦學生動畫競賽影展，引起相當大的迴響與反應；2005 年後將學生影展列入影展專題，渥太華動畫影展

亦從原先兩年舉辦一次，成為每年秋天舉辦的正式常態性活動。影展競賽項目有「最佳動畫」、「獨立動畫短片」、「學生動畫」、「商業動畫」…等類別，而 NFB 也不忘本行，與對動畫有興趣的出資者、贊助商與電視台合作，在影展期間策畫舉辦電視動畫研討會（Television Animation Conference），不但保有動畫影展的藝術指標性，更開拓了市場面的商機。至加拿大參加展覽的動畫人士，也會趁機到短短兩個小時車程外的加拿大電影局的總部參訪。對動畫人而言，到加拿大參加渥太華動畫影展，聽研討會，加上參訪活動，成為一個相當專業的套裝行程；同時也牽成許多國際合作。NFB 現在的動畫部門宛如地球村，有來自世界各地的動畫人才，亦更加豐富了加拿大動畫。經過數十年的經營，加拿大渥太華動畫影展已成為北美洲最重要的動畫影展。

SIGGRAPH

SIGGRAPH 是 由 ACM SIGGRAPH（美國電腦協會電腦圖形專業組）組織的電腦圖形學頂級年度會議。第一屆 SIGGRAPH 會議於 1974 年召開。並廣徵學校業界等優秀作品。這些優秀作品類型包含數位媒體等時基藝術（time-based art）、科學視算（Scientific Visualization）、視覺特效（visual effects）、即時圖像（real-time graphics）及劇情短片等，能夠獲選入 SIGGRAPH，如同得到電腦動畫界的奧斯卡金像獎一般。

世界各類動畫影展官方網站

英國倫敦 LIAF 影展 London International Animation Festival
http：//www.liaf.org.uk/

法國安錫動畫影展 Annecy International Animation Film Festival
http：//www.annecy.org

韓國 Sicaf 影展 Seoul International Cartoon and Animation Festival
http：//www.sicaf.org

美國 Siggraph 動畫影展
http：//www.siggraph.org/s2008/

澳洲 MIAF 影展 Melbourne International Animation Festival
http：//www.miaf.net/

日本廣島動畫影展 The 12th International Animation Festival Hiroshima
http：//hiroanim.org/

義大利米蘭電影節 Milan Film Festival
http：//www.milanofilmfestival.it/eng/

加拿大渥太華 OIAF 動畫影展 Ottawa International Animation Festival
http：//ottawa.awn.com/

德國柏林短片影展 24th International Short Film Festival Berlin
http：//www.interfilm.de/index_eng.php

德國萊比錫國際紀錄片及動畫影展 International Leipzig Festival for Documentary and animation Film
http：//www.dok-leipzig.de/v2/cms/en/home/index.html

韓國富川 PISAF 動畫影展 The 10th Puchon International Student Animation Festival
http：//www.pisaf.or.kr/

葡萄牙國際動畫影展 Cinanima -The International Animated Film Festival of Espinho
http：//www.cinanima.pt/

義大利國際動畫影展 I Castelli Animati - International Animated Film Festival
http：//www.castellianimati.it/DefaultEnglish.htm

荷蘭 HAFF 動畫影片展 Holland Animation Film Festival
http：//haff.awn.com/

英國 BAF 動畫影展 Bradford Animation Festival
http：//www.baf.org.uk/

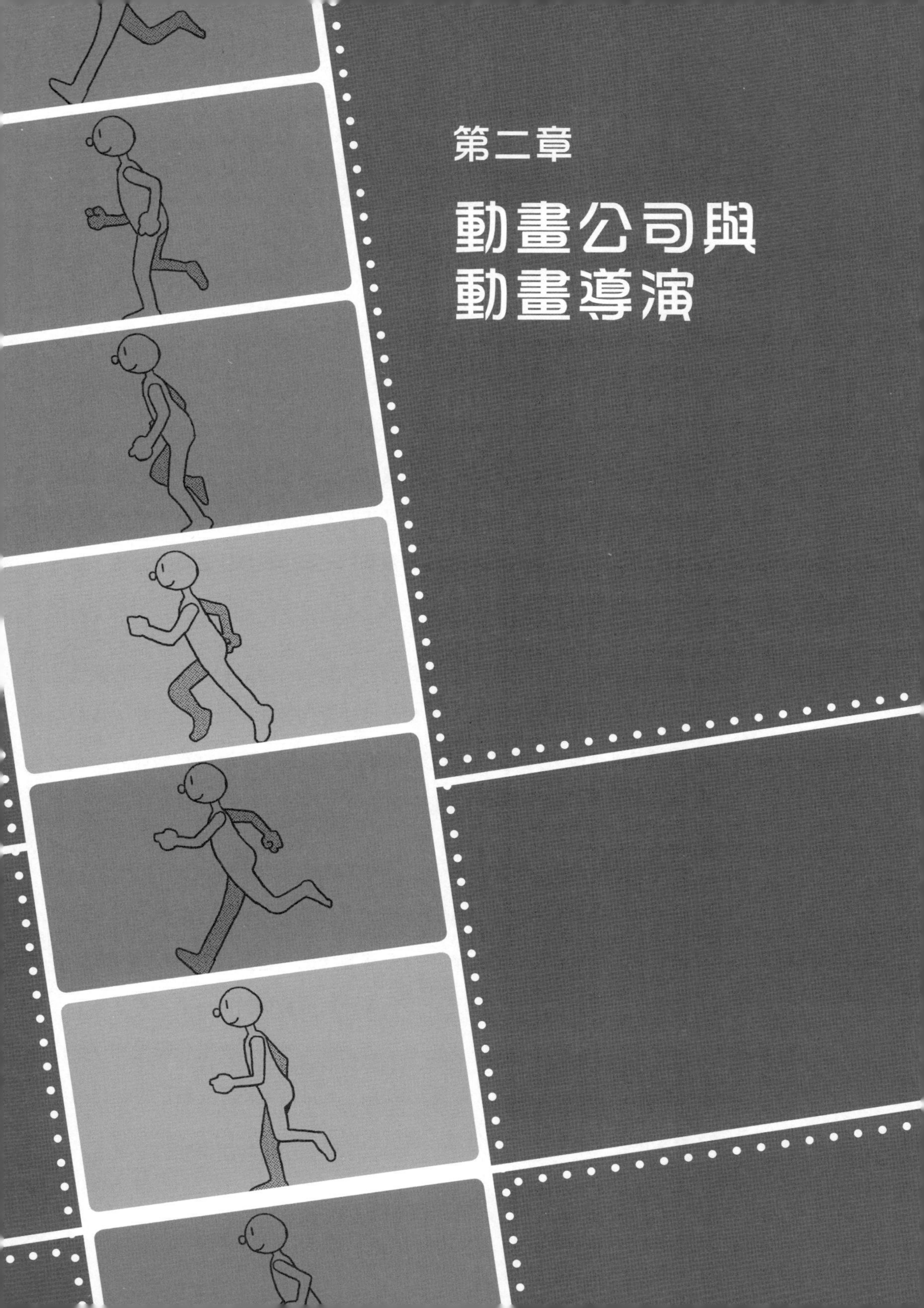

第二章

動畫公司與動畫導演

動畫公司與動畫導演

動畫影片以製作規模來區分，粗略可分為「商業動畫」與「獨立製作」兩種。

商業動畫的營利方式相當多元，例如在電視播映時的廣告收入、電影上映票房收入、電影下片後收錄成 DVD 或是動畫周邊商品、粉絲活動…等。當動畫成為商品，就必須在市場上競爭，對經營者或出資者而言，任何作品在收到利潤之前都是虧損的。因為一間動畫公司或工作室每天的營運，辦公室租金、水電費用、設備成本…更別說還要支付動畫師們、導演薪水這些基本開銷。相較商業模式，獨立製作動畫就單純許多了。

獨立製作也稱獨立製片，簡單說就是「非以營利為目的，並不採取商業模式作公開」的作品。在影音平臺播放的影片或學生作業都可以歸類於此，多數作品觀眾無須另外付費，只要作者同意，透過任何合法的平臺就可觀賞得到。例如在學校禮堂播放學生動畫影展、網路影音平臺上觀賞自己拍攝製作的影片…皆屬此類。

專業動畫公司通常會有完善的製作流程與工作團隊制度；從製作人、故事劇本、正副導演、到核心的動畫製作，以及後製合成、音效與音樂製作、廣告宣傳與公關業務…等，在動畫公司工作不代表一定很會畫動畫，因為專業分工細緻。國外許多動畫公司，例如著名的皮克斯動畫，就將動畫製作職責細分到 3D 建模、調動作、打光、算圖…等獨立的部門。因此當動畫成為正式製作的商品時，就不能像個人製作一樣任性，要注重團隊合作與互相協調與溝通。

不同於歐美動畫公司一部動畫可能有兩個以上的導演，日本動畫界則是由不成文的「導演制」主導整部作品。常看日本卡通的動漫迷一定對影片後工作人員字幕表中的「監督」不陌生，日本動畫裡的監督指的就是導演，是動畫團隊的領隊，也是作品風格的關鍵。導演本身不一定親自繪製每張圖畫，他就像大船的船長，必須掌握整部作品的工作進度與確立方向，並對分工部門下達最準確的指令，通常製作一部動畫電影或著卡通影集時，會有一名到多名的副動畫導演參與製作。不同於戲劇導演，動畫導演必須要精通深知動畫原理與製作流程，包括傳統手繪方式與數位電腦製作，還要有良好的溝通能力與工作人員協調，確保整部動畫製作風格是否切合主題，然後最重要的是，導演要具有「掌握使用鏡頭語言說故事」的能力。

動畫導演可以自行決定作品的風格呈現，甚至也有超越原作，發展出嶄新的說故事方式或劇情的例子。由於導演責任重大加上事務相當繁雜，作品最終成敗幾乎全由導演承擔，因此雖然導演的職稱聽起來響亮並備受注目，但卻不是每位動畫師都以此為志向。想要成為動畫導演並沒有固定的發展公式，許多動畫導演是從最基礎的動畫師開始，或是像日本動畫導演大地丙太郎一樣從攝影師起步的，也有從動畫劇本作家跨行進來或是從電視電影業轉業成為動畫導演，甚至也有像漫畫家大友克洋一樣，從靜態漫畫家轉行成為動畫導演的罕見例子。近年業界大多數動畫導演都還是由基礎動畫師開始做起，學習部門分工，也為接下導演重擔打下穩定動畫相關專業知識，所以只要有心學習，當上導演並非難事。

迪士尼與皮克斯之間

說到『迪士尼．皮克斯』(Disney．PIXAR)，幾乎已經成為動畫電影的代名詞；以每一到兩年一部的驚人速度密集地推出動畫電影，每部動畫電影的作畫品質細緻亮眼、角色動作流暢充滿魅力，加上溫馨逗趣的精采劇情，電影上映總是能創下票房佳績，也被觀眾視為動畫電影的品質保證，是可以安心的讓孩子觀賞的動畫電影。但『迪士尼．皮克斯』這個名詞，其實是由兩家動畫公司：動畫產業的龍頭老大迪士尼，以及如同超新星般的後起之秀皮克斯所組成。兩家公司之間存在著如生命共同體、卻又彼此競爭誰是誰是最佳動畫製作公司的複雜情感。在探討兩者的淵源之前，讓我們回歸到1923年，瞭解迪士尼的創辦人華特．迪士尼(Walt Elias Disney)如何開創他的夢幻王國。

迪士尼公司 The Walt Disney Company

迪士尼其實並不是動畫公司。許多人會問，出品了米老鼠、唐老鴨、高飛狗…數也數不清的卡通影片，陪伴著許多人的童年，留下夢幻的美好回憶，怎能說它不是動畫公司呢？嚴格說起來，迪士尼不只是一間製作動畫的公司，它其實是一間娛樂媒體公司，也是世界規模最大的傳播媒體企業。公司旗下的營業項目涵蓋了主題公園(迪士尼樂園)、電視影集、電影、動畫、音樂、兒童玩具與書籍、表演活動…等。

1923年時創辦人華特．迪士尼與哥哥洛伊．迪士尼(Roy O. Disney)合作，共同創立了迪士尼兄弟工作室；製作結合動畫與真人演出的系列童話主題短片：

愛麗絲夢遊仙境(Alice Comedies)。剛創業的華特迪士尼處境很是艱辛，必須親自帶著自家作品四處向廠商兜售；當時電影技術尚未成熟，大多都以無聲黑白的默片為主，動畫卡通片僅作為在電影開演前，等待觀眾入場時的暖場秀，並沒有受到太大的重視。

1927 年初大好機會降臨，當時的主要客戶 - 環球影業希望迪士尼工作室能夠設計與製作以兔子為主角的卡通動畫；迪士尼傾全力創作出「幸運兔奧斯華」(Osward, the Lucky Rabbit)。取名為幸運兔的理由，亦是希望此片能夠開創動畫事業，帶來更多的好運；而「幸運兔奧斯華」果然沒有辜負迪士尼的期望，動畫短片推出後紅遍半邊天，奧斯華甚至成為迪士尼公司第一個製作周邊商品的卡通角色。奧斯華的幸運成功，卻反而為迪士尼帶來了悲劇，當「幸運兔奧斯華」合約到期時，華特迪士尼興高采烈地至紐約準備洽談下一期合約時，卻沒有發現已然踏進陷阱裡。當華特迪士尼看到奧斯華續約中的採購價碼，居然大幅低於製作成本，對於如此低廉的金額，自然不肯同意。發行人竟坦白表示：『不簽約也沒關係，因為我已出高價將迪士尼工作室中製作奧斯華動畫短片的幕後員工挖角過來了。』不得已的華特・迪士尼只好忍痛放棄動畫版權，「幸運兔奧斯華」也脫離迪士尼成為環球旗下的一員。

經歷此事，奧斯華成了迪士尼心裡永遠的傷痛，也造就日後迪士尼相當重視創造出來的角色營運，以及影片版權資產的保護觀念。迪士尼失去了奧斯華版權，必須趕緊推出新的角色；在回程上的火車上，華特・迪士尼腦中浮現了新的點子，兔子不行…那下一部動畫改用老鼠當主角吧…這也就是日後迪士尼最具代表性的動畫角色：米老鼠(Mickey Mouse)的誕生背景。

從動畫短片到長篇劇情動畫電影

談到迪士尼動畫，最有名的就是米奇、唐老鴨幾位動畫明星了。米老鼠為何能以風靡全球？就要講到它的經營策略－角色動畫（character animation）的開始。失去了「幸運兔奧斯華」版權的迪士尼，隨即在隔年 1928 年推出以米老鼠為主角的動畫短片：「蒸氣船威利」（Steamboat Willie），也是迪士尼第一部問世的有聲黑白動畫。在當時電影都是黑白默片為主，還沒有配樂、音效與影片同步錄製的技術，迪士尼到處碰壁後，好不容易找到有合作意願的錄音室，起用能看著影片同步錄音的影音系統才完成此部動畫。雖然在「蒸氣船威利」之前就有其他作品亦以有聲作為賣點，但「蒸氣船威利」巧妙的音畫同步技術，加上米老鼠在片中吹著口哨如同歌舞劇般活潑可愛的模樣，瞬間擄獲人心，觀眾們當場要求劇院再次重播，讓原本作為暖場打發時間用的配角，奪走了播映正片的光芒；迪士尼打鐵趁熱，陸續推出「骷髏之舞」（Silly Symphony）…許多同步配音動畫作品，並逐漸將米老鼠的形象潤飾修改，並於故事中加入布魯托、高飛狗、唐老鴨…等夥伴，建築起個性鮮明的完整角色形象。「蒸氣船威利」的成功還不夠讓華特・迪士尼滿足，工作室積極追求技術革新與嘗試，在彩色電影沖印技術剛問世時，迪士尼工作室就於 1932 年首次推出彩色有聲動畫短片「花與樹」（Flowers and Trees）。影片中將自然界繽紛的色彩化為童話般地幻想表現，以及美妙的配樂與音效節奏，以及角色戲劇般的表演動作，不需要過於繁複台詞的寓言式劇情，觀眾年齡層廣泛與接受度相當高，讓迪士尼嘗到名利雙收的滋味。

在幾部動畫短片都得到相當不錯的迴響後，迪士尼動畫製作流程也趨於穩定，並發展出屬於自己專有的作畫公式。此時華特・迪士尼開始籌備拍攝一部動畫電影：「白雪公主與七個小矮人」(Snow white and seven dwarfs)；迪士尼的共同合夥人－華特的哥哥洛伊．迪士尼卻相當反對，原因公司正面臨資金短缺，拍攝長片所耗費資金相當驚人，且當年卡通僅是電影開場的陪襯，觀眾怎麼可能願意花錢買票進場看卡通電影。不過沒想到「白雪公主與七個小矮人」於 1937 年上映時，引起前所未有的轟動，一掃疑慮；票房成功不說，甚至在好萊塢戲院首映結束時，獲得許多電影明星的起立鼓掌肯定；而作為配樂的主題歌曲也成為街頭巷尾熟悉的旋律。「白雪公主與七個小矮人」讓當時觀眾對動畫改觀，將動畫視為正式的電影作品；也是世界第一部彩色有聲動畫電影長片，作為動畫里程碑的意義相當深遠，並為迪士尼公司日後發展長篇劇情動畫電影奠定了穩固基礎，陸續推出「木偶奇遇記」(Pinocchio)、「幻想曲」(Fantasia)、「小飛象」(Dumbo)、「小鹿班比」(Bambi)…等膾炙人口的經典作品。其後經歷第二次世界大戰，面臨經濟窘困與公司人員不足的窘境，動畫長片製作計畫暫時停擺，但公司的穩定名聲讓美國政府委託迪士尼製作一些戰時宣導動畫短片；也因此在戰後經濟復甦時，迪士尼公司很快恢復正常營運，繼續長篇動畫電影製作。

迪士尼的輝煌與轉折

迪士尼加州成立第一個主題樂園(Disneyland)之前，許多動畫史學家將 1950 年代稱為迪士尼的黃金時期。戰後經濟復甦加上娛樂事業解禁，民眾積極的想要迎接和平繁榮的社會，迪士尼公司因戰爭時期停擺的長篇動畫電影終能動工，陸續推出「仙履奇緣」(Cinderella)、「愛麗絲夢遊仙境」(Alice in Wonderland)、「小飛俠」(Peter Pan)…多部以著名童話故事為題材的長篇電影動畫；並同時進行真人拍攝的電影與野生動物短片，其中由著名女星茱莉安德魯絲擔綱演出的電影「歡樂滿人間」(Mary Poppins) 更是拿下奧斯卡十三項提名，並獲得五項金獎，成為迪士尼影業上成就最高的電影作品。迪士尼公司此時開始多元化經營，除了長篇動畫、拍攝電影、成立主題樂園之外，也買下專屬電視頻道，迪士尼成為家庭娛樂戶的代名詞。

1966 年創辦人華特．迪士尼因病驟逝，頓失靈魂領導的迪士尼公司面臨創意危機，長篇動畫電影產量瞬時減少；1971 年另一位迪士尼創辦人洛伊．迪士尼也相繼辭世，許多迪士尼草創時期打拼天下的老動畫家們亦紛紛退休離開公司，這難熬的幾年對迪士尼公司也是新舊交接的重大轉型時期。1980 年後，公司內部逐漸穩定，並積極採用新人與技術引入，知名導演提姆．波頓(Tim Burton)，以及未來成為皮克斯動畫總監的約翰．拉薩特 (John Lasseter)，都是此時期的新進人員。這時期的作品大多是為了訓練新秀與經驗傳承，許多實驗性質濃厚的作品例如「狐狸與獵狗」(The Fox and the Hound)，以及初次嘗試在影片中加入 3D 技術的另類題材動畫「黑神鍋傳奇」(The Black Cauldron)。

訓練時期的作品因題材尚在摸索中，與新技術嘗試尚未成熟；這幾部片票房數字慘澹。加上此時公司內鬥越演越烈，以及其他影業亦出品長篇動畫電影的競爭影響，這幾年迪士尼公司的主要利潤僅靠主題樂園與其它娛樂事業苦撐，也飽受外界的批評與質疑。直至 1989 年推出第二十八部動畫電影長片－「小美人魚」(The little Mermaid) 出現轉機；此片請來音樂劇作家合作，片中與劇情緊密相扣的活潑配樂、朗朗上口的流行音樂旋律，加上數年來的訓練開花結果，終於創下八千多萬美元的票房佳績，開啟迪士尼的文藝復興時期。

談完迪士尼，接下來我們就要談到約翰．拉薩特，這位從迪士尼公司出走的動畫導演，如何在因緣際會下成立皮克斯動畫工作室，數年後以合作夥伴的身分回到當初開除他的公司，並結合迪士尼最擅長的行銷與通路，將前輩動畫師的傳統經驗融入電腦動畫中，開創嶄新亮麗的雙贏局面，也立下動畫歷史上的里程碑。

皮克斯動畫工作室 Pixar Animation Studios

皮克斯的三巨頭

皮克斯動畫工作室成立於 1985 年，對傳奇般的草創期而言，有三位不得不提到的重要人物，分別是：蘋果電腦創辦人史蒂夫．賈柏斯 (Steve Jobs)、以及負責創意發想的約翰．拉薩特 (John Lasseter) 與電腦影像工程師艾德．卡特莫爾 (Ed Catmull)。

皮克斯動畫工作室的前身，來自於星際大戰聞名的導演喬治．盧卡斯 (George Lucas) 的盧卡斯電影公司旗下在 1979 年所成立的一個電腦特效影片部門。當時艾德．卡特莫爾在裡面負責電腦硬體開發與軟體特效算圖，卡特莫爾在皮克斯的紀錄片中曾提到，他自己完全不會畫畫也不懂藝術，但盧卡斯導演要求要用電腦做出什麼樣的影片特效，他只能想盡辦法研發出來；因此也為日後皮克斯動畫工作室的電腦動畫技術打下深厚基礎；也因此皮克斯任何跟電腦動畫有關的障礙問題與 CG 技術研發，都交由卡特莫爾處理，這也是他日後亦被喻為電腦動畫的開創者以及皮克斯元老的主要原因。

另一位創辦人則是家戶喻曉的蘋果電腦 (Apple inc.) 創辦人史蒂夫．賈柏斯。1985 年時，賈伯斯離開蘋果創辦了 NeXT 電腦公司，主要的客戶是公司行號與教育機構，可惜經營慘澹，最後統計僅售出約五萬台電腦。隔年賈伯斯看好電腦動畫的未來發展，以一千萬美元從盧卡斯手中收購其影業旗下的電腦動畫工作室，並將之轉型成為獨立的公司行號，成為日後的皮克斯動畫工作室；自己擔任執行長，並請艾德・卡特莫爾擔任公司總監。皮克斯的名稱背後隱含的意涵相當有趣，結合兩個了英文單字：電腦圖像中最小的單位像素「Pixel」，加上藝術「Art」，就成為現在大家耳熟能詳的皮克斯「Pixar」了。起初皮克斯的主要業務可不是做動畫，而是「賣電腦」，公司主要的產品是一套專門用來製作電腦圖形的專業電腦（Pixar Image Computer）；主要客戶多為政府機關與醫療體系，而為了將電腦導入動畫製作流程的迪士尼公司則是最大的客戶；這層關係亦締結了未來兩方合作的契機。

為了有效的宣傳產品，皮克斯籌畫製作強調電腦效能的動畫短片作為宣傳；開始尋找對電腦動畫人才；但當年電腦設備尚未普及，民眾大多認為電腦是學術機構研究在使用的專業設備，螢幕上那單調的線條與數據根本非一般人能理解，更別說理解電腦繪圖的藝術家了；不害怕陌生的硬體、又瞭解動畫的人才，到底上哪找呢？卡特・莫爾想起還在盧卡斯影業工作時，受邀至一場電腦繪圖會議演講時遇上的一位剛被迪士尼公司解雇的年輕動畫師－約翰・拉薩特。

總是穿著花襯衫的約翰・拉薩特，是大家眼中的怪胎，同時也是位鬼才。他對電腦繪圖充滿熱情，堅信未來電腦技術會成為動畫主流；在迪士尼工作時就積極地想將電腦技術帶進傳統動畫製作裡，但在八 0 年代，別說是現今常見的 3D 軟體 MAYA 或繪圖軟體 PHOTOSHOP 了，當時只有文字操作介面的電腦，就像是一台笨重的冰冷機械，除非懂程式語言專業電腦工程師才能夠操作，且那時電腦運算頂多只能繪製出簡單的幾何形狀。電腦操作的門檻讓迪士尼公司中許多傳統動畫師避而遠之，也讓當時在迪士尼內部積極鼓吹電腦動畫好處的約翰·拉薩特到處碰壁，最後還因為與主管起了爭執，最後的結果是離開了迪士尼。

從電腦圖形到動畫藝術

卡特莫爾將約翰·拉薩特邀請進入皮克斯教導如何製作動畫，拉薩特不僅終於找到可以將電腦繪圖的熱情發揮所長的地方，也把在迪士尼學習與累積的紮實角色動畫功力引導進來，讓電腦與藝術的結合激撞出美麗的火花。約翰·拉薩特在電腦繪圖會議發表的作品「安德魯與威利的冒險」(Andre and Wally B)，便是第一部背景與人物全部用電腦完成的角色動畫短片。拉薩特在皮克斯動畫部門執導的處女作就是「頑皮跳跳燈」(Luxo Jr.)；片長僅兩分半劇情與設定很簡單的短片，拉薩特讓兩盞檯燈栩栩如生的動了起來，相互玩球嬉戲。片中跳脫了以往利用電腦繪圖只為重現寫實場景的技術框架，這亦是電腦動畫有史以來，頭一次為沒有生命的物品注入情緒表現，讓無生命的檯燈活靈活現。拉薩特與卡特莫爾為了製作這部作品日以繼夜的加班了好久，甚至還睡在電腦桌下面等算圖，其後「頑皮跳跳燈」在一年一度的 SIGGRAPH 電腦繪圖展覽上獲得好評，並成為動畫史上第一部獲奧斯卡提名的電腦特效影片，這盞檯燈亦成為日後皮克斯動畫工作室的代表角色，每部由皮克斯製作的作品開頭都會有它出現作為開場動畫。同時證明了一件事：只要有好的說故事方式，並賦予角色表演的戲劇價值以及足以打動人心的劇本設定，觀眾根本不會在意動畫是手繪還是電腦 CG，而能單純的沉浸在故事情節中；這個理念成為日後皮克斯製作長篇動畫電影的重要守則之一。

兩者之間的分分合合與情結

雖然「頑皮跳跳燈」大受好評，但對公司營運並沒有太大的幫助。公司長達五年都呈現虧損，正當工作室面臨存亡危急之際，令人振奮的轉機出現了；迪士尼公司希望能與皮克斯動畫工作室簽約共同製作動畫。兩家公司正式於1991年開始合作，並簽下合約開始首部作品「玩具總動員」(Toy Story)的製作。「玩具總動員」於1995年正式上映後獲得各方一致的讚賞，除了票房亮眼之外，也是動畫史上第一部電腦動畫長片。

之後雙方於合作期間，陸續推出了「蟲蟲危機」(A Bug's Life 1998)、「玩具總動員2」(Toy Story 2 1999)、「怪獸電力公司」(Monsters, Inc 2001)、「海底總動員」(Finding Nemo 2003)與「超人特攻隊」(The Incredibles 2004)五部長篇動畫電影，皆是由皮克斯製作，迪士尼則負責市場行銷和發行的合作方式進行。但在2006年「汽車總動員」(Cars)製作期間，雙方合作意見開始產生分歧；因為對影片版權的最終歸屬始終談不攏，雙方狀況僵持不下，合作關係暫停；「汽車總動員」(Cars)上映日期也跟著政策延宕。在皮克斯動畫工作室進入下一部動畫長片籌畫期，迪士尼則成立自己的電腦動畫與特效部門，繼續電影事業；2000年時推出了「幻想曲2000」(Fantasia 2000)與擬真畫風的「恐龍」(Dinosaur)，並於2005年所推出迪士尼公司第一部全3D電腦動畫長片「四眼天雞」(Chicken Little)。

電腦動畫新紀元的開始

在經過多次談判後，迪士尼公司在2006年宣布以交換股票的形式，用74

億美元的天價併購皮克斯動畫工作室，除了「汽車總動員」(Cars) 將以新公司標示：(Disney・PIXAR) 發行之外，皮克斯動畫工作室得以保持運營的獨立性。透過此交易，賈伯斯成為迪士尼公司的最大股東和總監，約翰・拉薩特也成為迪斯尼與皮克斯動畫的創意總監。

皮克斯從迪士尼的角色動畫傳統中學到動畫表演的專業知識，而迪士尼也從皮克斯那裡獲得電腦動畫的嶄新技術，之後迪士尼推出的「未來小子」(Meet the Robinsons 2007)、「雷霆戰狗」(Bolt 2008) 與「魔髮奇緣」(Tangled 2010)，不論畫面與劇情都是不輸皮克斯的電腦動畫長片。而皮克斯繼續推出「料理鼠王」(Ratatouille 2007)、「瓦力」(WALL-E 2008)、「天外奇蹟」(Up 2009)、「玩具總動員 3」(Toy Story 3 2010)、「汽車總動員 2」(Cars 2 2011) 以及「勇氣傳說」(Brave 2012)。「海底總動員」、「超人特攻隊」、「料理鼠王」、「瓦力」、「天外奇蹟」、「玩具總動員 3」、「勇氣傳說」七部作品都拿到奧斯卡最佳動畫長片的獎項。

2012 年之後，迪士尼又再推出了無敵破壞王 (Wreck-It Ralph 2012) 與冰雪奇緣 (Frozen 2013)，冰雪奇緣更是打破了獅子王所創下的動畫票房紀錄，並拿下 2014 第 85 屆奧斯卡金像獎最佳動畫長片！

皮克斯與迪士尼這兩間公司之間的歷史淵源，是動畫業界中最為人所津津樂道的傳奇故事。而他們相互學習與共同成長的歷史，也開創了動畫電影的新紀元；也可以說是企業良性競爭的最好範例。

電影起家的夢工廠動畫

夢工廠動畫電影公司（DreamWorks Animation SKG）始建於 1994 年，夢工廠的縮寫「SKG」代表的是公司的三個共同創始人，S 代表史蒂芬．史匹柏（Steven Allan Spielberg）（影片監製及 Amblin Entertainment 的創始人），K 代表傑佛瑞．卡森伯格（Jeffrey Katzenberg）（迪士尼前任首席），而 G 代表大衛．格芬（David Geffen）（Geffen Records 的創始人）。夢工廠的產品包括電影、動畫片、電視節目、家庭影音娛樂、唱片、書籍、玩具和消費產品。

夢工廠初期是以企劃製作真人電影為主，結合當時正在發展的 3D 動畫特效，推出了如「戰略殺手」（The Peacemaker 1997）、捕鼠氣（MouseHunt 1997）、「彗星撞地球」（Deep Impact 1998）、「晶兵總動員」（Small Soldiers 1998）與「搶救雷恩大兵」（Saving Private Ryan 1998）等膾炙人口的電影。夢工廠在 1998 年併購專門製作數位電影特效的太平洋數位影像公司（Pacific Data Images PDI）之後，開始了動畫製作之路。PDI 是當時知名的特效公司，著名的作品有麥可．傑克森（Michael Jackson）的音樂錄影帶（music video）「黑與白」（Black or White 1991），在這個 MV 中，各國不同民族與膚色的舞者，彼此的臉型能夠融合變化（morphing visual effects），這在當時的電影特效是一個突破性的技術。

傑佛瑞．卡森伯格在離開迪士尼之後，與 PDI 建立夢工廠的動畫部門，並趕在迪士尼．皮克斯推出「蟲蟲危機」之前，於 1998 年推出了夢工廠第一部 3D 動畫電影小蟻雄兵（Antz）。該片是繼「玩具總動員」之後，美國第二部全部由電腦進行繪畫的動畫片。雖然搶得先機，但是票房卻不理想，但同年所推出的「埃及王子」（The Prince of Egypt）卻得到不錯的評價。「埃及王子」是夢工廠的第一部 2D 動畫片，技術直逼迪士尼水準，該片以『聖經』舊約中「出埃及記」為故事藍本，在製作過程中不但動用了最先進的電腦動畫，而且聘請數百位歷史及宗教學者擔任考據顧問，並邀請好萊塢當紅影星與歌星作幕後配音與演唱主題曲。

夢工廠公司由於經營多年之後卻只有動畫部門賺錢，其他部分被派拉蒙電影公司(Paramount Pictures Corporation）母公司衛康（Viacom）收購，動畫部門獨自成立為夢工廠動畫公司，以 PDI．DreamWorks 的名稱製作動畫，發行的部份則仍和派拉蒙合作。

夢工廠從製作第一部動畫作品開始，就立定目標要作出與迪士尼不同風格的影片。相對低年齡層的觀眾，夢工廠把觀眾群定位在成年人和青少年。他們的作品從影片本身到片中的配樂，都突破了以往動畫片的常規設計，顛覆傳統，是夢工廠動畫一貫的風格，也是對自家動畫的重要定位。所以當 2001 年「史瑞克」(Shrek)上映時，片中充滿對迪士尼傳統童話世界的諷刺與搞笑橋段，顛覆了傳統動畫英雄的形象，受到成人觀眾的喜愛與好評。也讓「史瑞克」在 2001 年擊敗皮克斯的「怪獸電力公司」，拿下第一屆奧斯卡最佳動畫長片的獎項。

雖然除了史瑞克系列外，夢工廠的其他動畫影片如「小馬王」（Spirit : Stallion of the Cimarron 2002）、「辛巴達：七海傳奇」（Sinbad : Legend of the Seven Seas 2003）、「鯊魚黑幫」(Shark Tale 2004)、「馬達加斯加」(Madagascar 2005)系列、「森林保衛戰」(Over the Hedge 2006)、「蜂電影」

(Bee Movie 2007)、「功夫熊貓」(Kung Fu Panda 2008)、「怪獸大戰外星人」(Monsters vs. Aliens 2009)，這些電影的整體票房成績雖然不如皮克斯，但由於製作資金較低而且產量多，幾乎每年都有一部動畫電影推出，反而在全球的市場上投資報酬率反而較高！

另外，夢工廠於2000年與英國知名偶動畫公司阿德曼動畫公司（Aardman Animations）合作推出偶動畫長片「落跑雞」(Chicken Run)，細緻的模型與有趣的故事，獲得觀眾廣大的迴響，之後又推出「酷狗寶貝：魔兔詛咒」(Wallace & Gromit: The Curse of the Were-Rabbit)與「鼠國流浪記」(Flushed Away)，不過因為在影片製作上的理念不合，使得阿德曼公司與夢工廠解約，轉投入索尼電影娛樂公司(Sony Pictures Entertainment)。

夢工廠動畫於2010年推出「馴龍高手」(How to Train Your Dragon)與「麥克邁：超能壞蛋」(Megamind)，在劇情上都一反傳統的將反派塑造的很有戲劇性。像是「馴龍高手」中主角與龍之間的關係，就不是死敵而是一起冒險的朋友，「麥克邁」的超人角色更是丟下保衛和平的任務，讓原本是邪惡一方的麥克邁不情願的肩負起好人的角色。這些電影中的人性描寫都比傳統動畫來的深刻，也一再反映出夢工廠動畫的核心思想，他們不只是在作動畫，而是利用動畫製作電影。

夢工廠動畫於2012年之後，陸續推出「捍衛聯盟」(Rise of the Guardians 2012）、「古魯家族」(The Croods）、「渦輪方程式」(Turbo）、「皮巴弟先生與薛曼的時光冒險」(Mr.Peabody & Sherman 2014）、「馴龍高手2」(How to Train Your Dragon2 2014）。

地球上最棒的逐格動畫—阿德曼動畫公司

第2章

阿德曼動畫公司（Aardman Animations）成立於 1972 年，是一家位於英國布裏斯托(Bristol)的動畫影視作品製作公司，該公司以製作停格動畫、黏土動畫作品而聞名，創辦人是彼得 ‧ 羅德(Peter Lord)與大衛 ‧ 史波克斯頓(David Sproxton)。1978 年，他們為英國國家廣播電視(BBC)製作兒童黏土動畫，並且在 Vision On 這專門為聾啞兒童而設的電視頻道播放嶄露頭角，之後陸續推出「酷狗寶貝」(Wallace and Gromit)與「笑笑羊」(Shaun the Sheep)。這些造型可愛故事有趣的黏土動物動畫，在電視上播出後一炮而紅，成為皮克斯之外歐美另一家喻戶曉的動畫公司。阿德曼動畫公司最知名的動畫師尼克 ‧ 派克(Nick Park)，在大學時期就已經進入阿德曼公司，並且於 1989 年完成自己的畢業作品「酷狗寶貝：月球野餐記」(Wallace & Gromit: A Grand Day Out)，並獲得奧斯卡金像獎最佳動畫短片提名。

尼克在之後又創作了「食衣住行」(Creature Comfort)系列短片，在 1991 年奪得奧斯卡最佳動畫短片獎。之後又以「酷狗寶貝」短片系列，「酷狗寶貝：引鵝入室」(Wallace & Gromit in The Wrong Trousers)與「酷狗寶貝：剃刀邊緣」(Wallace and Gromit in A Close Shave)，以及與夢工廠動畫公司(DreamWorks Animation)合作的動畫長片「酷狗寶貝：魔兔詛咒」(Wallace & Gromit: The Curse of the Were-Rabbit)，分別在 1994、1996 及 2005 年分別拿下奧斯卡最佳動畫短片獎及最佳動畫電影獎。

美國的夢工廠看上阿德曼動畫斯在偶動畫上的藝術成就，與他們簽下五部動畫長片合約，2000 年推出的「落跑雞」(Chicken Run) 是五部中的第一部。細緻的模型與生動的動作，以及造型個性各有特色的角色，在當時各家動畫公司都在使用電腦動畫的影片市場中獨樹一格，同時是首部以實際尺寸（full-length）來製作片中的角色，可見其幕後製作是如何地精密繁瑣，該片雖然廣受好評，但那時奧斯卡獎還沒有設立最佳動畫長片這個獎項。2005 年以「酷狗寶貝」為題材繼續推出「酷狗寶貝：魔兔詛咒」，以怪獸恐怖電影的風格為基調，更加細膩的模型與動作表演，獲得觀眾一製的好評。但是 2005 年一場火災摧毀阿德曼一部分攝影棚，「落跑雞」佈景全毀，但「酷狗寶貝」系列的模型幸運地躲過一劫。之後於 2006 年推出「鼠國流浪記」(Flushed Away)，該片製作小組曾經考慮繼續使用定格動畫來塑造片中的動畫角色，讓整部電影呈現黏土動畫片的風格，但是並沒有達到導演要求的真實和自然感，於是他們決定還是使用 3D 電腦動畫的拍攝手法，然後運用特殊的攝影技巧以及快門速度來呈現定格動畫的風格。不過夢工廠因為「酷狗寶貝之魔兔詛咒」賣座不如預期以及在「鼠國流浪記」製作過程中和阿德曼理念不合，雖然仍有片約，但是阿德曼還是在 2006 年與夢工廠解約，因此兩方只完成三部動畫長片。

2007 年阿德曼與索尼電影娛樂公司 (Sony Pictures Entertainment) 簽下合

約，2011 年推出「聖誕快遞」(ARTHUR CHRISTMAS)，是兩方合作的第一部動畫影片，採取 3D 電腦動畫技術製作，不同於一般以聖誕老人為題材的影片，該片以聖誕老人的兒子為主角，描述在青少年在北極發生的趣事，極為有創意的故事，使得該片受到觀眾與影評不錯的評價，2012 年繼續推出「海賊天團 3D」(Pirates !Band of Misfits)，影片根據英國作家吉德安 ・ 笛福 (Gideon Defoe) 所著的海盜系列故事書（The Pirates!）改編而成。該片的製作回歸到阿德曼擅長的偶動畫技術，但特別的是「海賊天團 3D」是阿德曼公司第一部 3D 立體停格動畫電影。

阿德曼動畫公司的創始人大衛 ・ 史波克斯頓在新加坡接受訪問時曾說：「拍攝一部動畫與拍攝一部真人電影並沒有什麼不同。我們拍攝黏土動畫電影時，就有攝影師、場景製作員、動畫師、助理動畫師、編劇、助理導演、導演還有很多技術人員。很多人誤以為動畫是很容易製作的，但要拍攝一部動畫電影，從概念發想到最後在大銀幕上放映，過程要耗費 5 年時間。而當中只有 15 至 16 個月時間是真正用在攝影製作上的，其他時間是用來寫劇本、修改劇本、畫分鏡圖、剪接等等。」大衛認為一部好的動畫作品不需要有超美畫面，但感動人的是故事以及刻劃成功的人物卻非常重要，這是阿德曼公司製作動畫的技術核心，也讓我們繼續期待阿德曼動畫公司的作品推出！

堅持就是一種瘋狂—法國瘋影

如果談到美國動畫，就會令人馬上聯想到迪士尼；提到法國動畫，那就一定要講到這間由幾位在別人眼裡看起來似乎有點瘋瘋癲癲的動畫藝術家所創立的「瘋影動畫工作室」（Folimage Valence Productions）。

一百多年前盧米埃兄弟，使用改良攝影機錄下員工進出公司的情景，並且公開放映，從此法國成為電影藝術的發源地。攝影的發明改變了人類以往的視覺經驗，也對科學界、藝術界與媒體有巨大的貢獻，並衍生出嶄新的商業行為。30 年前，一名年輕人在電影藝術發源的聖地觀看拍片過程時，對攝影技術－逐格拍攝 (stop motion) 深深著迷，立志要成為動畫電影導演。他放棄了被看好的醫學院學業，轉進藝術學院，並在學生時代就開始拍攝動畫短片；他就是日後「瘋影動畫工作室」（Folimage Valence Productions）的創辦人－賈克連·吉黑賀 (Jacques-Remy Girerd)。

「瘋影動畫工作室」成立於 1984 年，年輕的賈克連與幾位動畫藝術家在法國鄉間開設動畫工作坊；以製作出兼顧教育性質與藝術創造性的動畫為宗旨。剛開始瘋影尚只是很小的民間藝術團體，他們邊教授動畫，也邊籌錢拍攝自己的動畫作品。在賈克連與多位朋友的奔走下，隔年推出首部偶動畫作品「幸福馬戲團」(le Cirque Bonheur)；片中細膩華麗的角色與精采劇情，上映後大獲好評，此片也獲得被喻為法國奧斯卡獎－凱薩獎的最佳動畫大獎，讓瘋影動畫工作室一戰成名。

動畫製作相當耗時也費功夫，在法國動畫界為了節省製作成本，普遍的做法是腳本創意發想與前置作業在國內製作，而較費時的動畫製作與後製，則發給亞洲或其他國家外包公司代工；但瘋影動畫工作室秉著培養新人的教育宗旨，也希望給國內動畫工作者發揮空間，堅持從劇本發想、角色設計到原畫繪製、動畫上色，以及後製配音以及特效，全部工作都在國內完成，百分之百本土製造。因此雖然成本大增，但製作人員在過程中都能彼此直接溝通，亦有利於控管修改；讓瘋影出品的動畫，在法國觀眾心中留下優質、高級的良好形象。

1988 年後公司營運情況趨穩，創作品質提升，也帶來穩定的業務量；瘋影積極招攬年輕動畫創作者並給予圓夢機會的好名聲，吸引多國專業人才加入，也讓工作室推出的動畫作品除了具有傳統的藝術美學與良好品質外，亦能推出自由的題材與變化多端的類型。從早期的黏土動畫、偶動畫為主，到 2003 年推出的長篇手繪動畫電影「大雨大雨一直下」(La Proph tie des grenouilles)，出品近百部不同形式的短片、商業廣告、節目片頭…等豐富作品；共獲得超過三十項的重要獎項。「大雨大雨一直下」是法國動畫史上少數國際票房亮眼的動畫長片；也被喻為法國動畫電影「國王與飛鳥」(Le Roi et l'Oiseau) 之外能代表國家的重量級作品。瘋影動畫工作室從數十年前的民間藝術團體，已成長為世界知名的國際及動畫製作公司。

瘋影動畫工作室為了鼓勵動畫藝術發展所投注的心力與資源也是相當被動畫界津津樂道的。經歷過公司草創時期苦無拍片資金的時光，所以瘋影成立「藝術家駐村計畫」，廣泛招攬相關領域的藝術家與年輕創作者們來進駐，並於駐村期間提供住宿與資金之外，亦讓藝術家們自由使用公司全部設備和資源進行創作。藝術家駐村計畫吸引來自各國的創作者與導演到法國進行動畫短片製作，1994 年出品的動畫短片－「和尚與飛魚」(The Monk and the Fish)，便獲得美國奧斯卡最佳動畫短片提名與法國凱薩獎與其他國際大小獎項，也替瘋影工作室做了最好的宣傳。1999 年瘋影動畫工作室將耕耘與推廣動畫的熱情更加擴大，促成動畫學校「炮提葉」(La Poudriere) 的成立，學校宗旨有兩項，一是整合完善的動畫教學體系，二為維護精緻藝術創作環境。

從八 O 年代初期幾個動畫同好組成的團體，發展至現今實力不可小覷的國際級動畫公司，秉持著對動畫的堅持與熱忱，瘋影已然成為法國優質動畫的代名詞。

風靡世界的日本動畫導演

宮崎駿、押井守與大友克洋並列日本商業動畫的三巨頭。三位動畫導演各自作品風格迥異，理念也不同；但他們每部作品與堅持的理念，對整個動畫界產生了深遠的影響。

宮崎駿

對某些很少看卡通或動畫的人來說，談到日本動畫，也幾乎能馬上聯想到宮崎駿這個名字；宮崎駿已然成為日本動畫界的傳奇人物，亦是重要的精神指標。這位日本知名動畫導演，從動畫師起家，連載過漫畫「風之谷」，也算是個漫畫家；不過據本人訪談中曾提到，小時候非常的喜歡畫漫畫，立志要當漫畫家。但後來漫畫之神手塚治蟲作品風靡全國之後，常被人說自己的漫畫風格只是在模仿手塚治蟲而已，後來他體認到在漫畫表現上可能很難超越手塚治蟲，於是選擇了另一種說故事方式，也就是動畫，大學畢業後宮崎駿進入東映動畫公司，從最基礎的動畫師開始做起。東映動畫成立於 1948 年，可以說是日本動畫界的龍頭老大，有著濃厚的人文氣息和歷史悠久的文化。當年的日本沒有動畫產業可言，幾乎算是日本唯一的動畫製作公司，東映動畫相當注重作品的精緻度，願意在畫面上花成本與心思，這也造就了宮崎駿日後對動畫作品細膩度的堅持與重視。宮崎駿在東映動畫公司時期，認識了在動畫生涯中亦師亦友的老前輩高畑勳；兩人風格不同，但同樣熱愛著動畫，並且在工作上相知相惜。

1971 年宮崎駿離開東映動畫，進入 A Production 動畫工作室。當時宮崎駿在東映動畫時尚只是個默默無名的基層人員，但導演大塚康生慧眼識英雄，發現了這位極具才華的新秀，離職後便提攜他進到電視卡通影集「魯邦三世」的製作團隊。「魯邦三世」原名為ルパン三世，是改編自知名偵探小說「怪盜亞森羅蘋」的系列作品，被稱為動畫界的常青樹，幾乎每隔幾年就會被重新改編製作，可見其人氣之高。當時的宮崎駿非常訝異，動畫系列的魯邦形象與角色設定，改編之後跟原作完全不一樣，但是卻更加地精彩活躍，這成為影響宮崎駿日後製作動畫時，先找尋喜歡的原作題材，再加上自己的觀點來改編成動畫的方式產生。

在「魯邦三世」之後他與高畑勳以及另一位導演小田部羊一，三人共同合作製作了「阿爾卑斯山的少女」電視系列卡通（台譯：小蓮的故事）。不擅長繪畫的高畑勳，主要負責導演風格；宮崎駿則擔任美術構成與故事腳本、layout。「阿爾卑斯山的少女」在三人巧妙地合作之下，嶄新的動畫風格獲得了觀眾好評。1983 年，宮崎駿召集以前的動畫同事們，開始製作「風之谷」動畫。宮崎駿一人負起導演、原作、腳本到分鏡表的工作，雖然工作負擔相當龐大，但有著從基層人員開始做起所打下的紮實根基，宮崎駿在這部作品中將所學的動畫技術與敘事技巧完全運用的淋漓盡致。「風之谷」於 1984 年上映之後，雖然票房成績亮麗，但臨時組成的製作團隊也隨之解散；為了穩定地繼續發展動畫事業，在當時還是動畫雜誌編輯的鈴木敏夫牽線下，請德間書店出資幫助，成立了吉卜力動畫工作室。並且在 1986 年推出膾炙人口的「天空之城」。

有了穩定的基地與製作團隊，宮崎駿於 1988 年時推出長篇動畫電影「龍貓」，而高畑勳亦推出「螢火蟲之墓」。兩片劇情風格迥異，但都得到了觀眾的讚揚與肯定，也奠定吉卜力動畫工作室的名聲，「龍貓」片中的龍貓形象，更成為吉卜力動畫工作室的 LOGO 與代表性角色。

在作品中透露女性至上主義的宮崎駿，於 1989 年推出改編自系列小說的「魔女宅急便」長篇動畫電影，片中主角在城市上空自由的飛翔，穿梭於充滿歐洲風格的小鎮街道上，將小說中浪漫又天真的情懷發揮地淋漓盡致，廣受女性觀眾好評，並且以 264 萬觀影人次的輝煌紀錄，拿下當年日本國片票房的第一名與許多影展獎項。從此片之後，吉卜力工作室的電影年年拿下日本國片票房的第一名，也奠定出以少女作為後續電影主角的特殊風格。

雖然這幾部作品都有數億日圓的票房與得獎榮耀，但工作室的營運卻不太順遂，原因要歸到日本動畫業界的工作方式。動畫人員通常以張數來作為薪資計費，動畫電影的單張作畫品質要求較一般電視卡通高，工作時間也相對的長，但薪資卻沒有比較優渥，加上採取「作品團隊制度」，也就是於電影製作時開始招募人才，電影結束後就解散的方式，如此一來不但技術無法傳承，人才的流失也是問題。所以宮崎駿定下兩項目標：一是固定員工制度，二是新人定期採用。原本動畫師的酬勞依照票房等收入採比例分配製，吉卜力為了培養動畫製作人材，改為固定薪資，以作為製作高品質和穩定的作品之依據。與「魔女宅急便」間隔長達兩年後，才推出「兒時回憶點點滴滴」，就是為了保持良好的作畫品質。幸好之後的作品都創下票房第一名的佳績，收入平穩成長，終於達到宮崎駿的目標。1992 年「紅豬」上映；宮崎駿一直以來都喜愛車輛與飛機的機械之美，卻相當討厭戰爭，因此在片中充分地嘲諷他所反對的法西斯主義 。

宮崎駿眼見製作團隊功力趨穩加上時機成熟，於 1997 年推出以日本古代為舞臺的奇幻故事「魔法公主」。在此部作品中，宮崎駿刻意抹除掉前幾部作品的童話式風格，試著傳達在現實世界中，人類與自然之間複雜的因果關係。他採用史實傳說作為故事背景，融入日本古老神話與傳說，場面浩大畫面細膩精美；上映後迅速登上票房排行榜首位，成為當年日本最賣座的電影。

2001 年「神隱少女」上映，該片創下日本影史上前所未見的三百多億日元的票房，再次拿下日本國片票房總冠軍，更令人吃驚的是，本片由迪士尼公司在美國發行，並擊敗迪士尼的「星際寶貝」（Lilo & Stitch）與夢工廠的「小馬王」（Spirit: Stallion Of The Cimarron），一舉拿下 2002 年第二屆奧斯卡最佳動畫長片獎項，也榮獲威尼斯影展與柏林影展最佳度動畫電影獎項！

2001 年之後，宮崎駿為了培養新人導演，僅在 2004 推出「霍爾的移動城堡」以及 2008 年的「崖上的波妞」，而「貓的報恩」(2002) 與「借物少女艾莉緹」(2010) 是由工作室的原畫師森田宏幸與米林宏昌擔任導演，宮崎駿的長子宮崎吾朗也進入吉卜力執導「地海戰記」(2006) 與「來自紅花坂」(2011)。原本宮崎駿很早就準備淡出電影導演一職，專注在吉卜力美術館的短片製作上，但是經過 2011 年日本大地震之後，宮崎駿認為在這個時候更需要可以撫慰人心的動畫電影，所以繼續擔任動畫電影的導演，開始新的製作。2013 年宮崎駿推出「風起」，以二戰時期的飛機設計師作為背景，在作品中將自己對於創作的理念投射在主角身上，即使遇到再多的困難，也要奮勇的向前邁開步伐。

押井守

押井守被日本動畫業界譽為鬼才導演，擁有過人的膽識與才華，有人說他的作品曲高合寡，只有獨具慧眼者才能夠探索其作品內涵，也有影評人批評他明明就不愛動畫，卻一直拍動畫電影；亦有人稱他票房毒藥、原作粉碎機，任何經手原作都會變成另外一部作品，評價相當兩極化。押井守導演本人曾在訪談中表示：「我的作品只要有一萬人觀賞就足夠了。」是行事與作品都相當有個人風格的一位導演。

押井守就讀於東京學藝大學教育學系美術組，受過傳統藝術教育；年輕時期相當著迷於科幻電影，對特攝片製作產生極大興趣；畢業後後便進入以製作科學小飛俠聞名的龍之子動畫製作公司，歷經了多年的磨練，終於擔任導演大職，負責改編自同名漫畫作品「福星小子」的電視動畫 。當時「福星小子」漫畫原作是排行榜上熱銷冠軍，相當受歡迎，漫迷們對於改編動畫無不睜大了眼睛在等著，對新任導演的押井守而言，無非是沉重的壓力。剛接下導演職務時，尚在摸索期，再加上原作漫畫與電視動畫的表現方式落差大，常受到漫畫迷的怒罵與指責。另一方面，公司沒有給新手導演太多的預算空間，種種因素造成電視前半季的評價只能用慘不忍睹來形容。幸好「福星小子」後期製作漸入佳境，漫畫原作通常只有短短十數頁，押井守放膽讓動畫編劇加入許多原作中沒有的情節，讓劇情拉長成三十分鐘的電視影集。電視版動畫依舊走原作搞笑路線，加入許多天馬行空的獨特趣味，並將漫畫中未能表達的缺憾補足，終於讓連沒看過原作的觀眾都愛上了這部作品，得到一致的好評，「福星小子」動畫系列甚至被動畫雜誌評選為日本動畫八０年代的代表作之一。

押井守於 1983 年負責「福星小子」兩部電影版「ONLY YOU」與隔年「Beautiful Dreamer」的製作。劇場版製作規格與表現空間皆較電視版大，押井守放手一博，加入個人風格設定與內容表現，「Beautiful Dreamer」被譽為押井守大放異彩的代表性作品。劇中運用押井守一貫手法，以對比強烈的靜態畫面，角色從旁讀出旁白似的台詞，整部作品充滿詭譎特殊的藝術風格。巧合的是「Beautiful Dreamer」與「風之谷」同時在 1984 年上映，這兩部作品雖然不是押井守與宮崎駿的初試啼聲之作，卻相當具代表性；同年另一部由河森正治導演的「超時空要塞 愛，還記得嗎？」劇場版也接著上映，這三部影片同時代表著日本動畫電影的三大風格「史詩幻想、宇宙科幻與風格表現」，也影響了後續的創作者們。

1980 年代許多精采的動畫作品百花爭艷，動畫影評者因此喜歡稱 1984 年為動畫大師元年。但在「福星小子」製作兩年多後，嶄新的表現手法終究不敵死忠漫迷們的謾罵，連結局都還沒來得及做完，押井守就離開了製作團隊。獲得自由創作天空的他，先後進行了 OVA「DALLOS」與「天使之卵」動畫短片的製作，也拍攝了真人電影「紅色眼鏡」…等充滿押井風格作品。1988 年時，接受動畫公司 Production IG 的社長邀請，參與製作「機動警察」系列動畫時，押井守的創作生涯才算正式踏進了另一個階段。他在「機動警察」工作團隊裡擔任腳本、分鏡與導演等工作，直到 1995 年，完成了「攻殼機動隊」，這是一部讓押井守與製作公司 IG 聲名大噪，

且開創了網路科幻新意義的作品。「攻殼機動隊」改編自士郎正宗的漫畫原著，押井守不負原作粉碎機的響名，將漫畫原作中角色造型與故事節奏全部推翻，依照自己的風格重新建造，在片中運用了許多亞洲元素與逢號印象，成功地打造出具有東方風味的異想科幻世界；連知名電影「駭客任務」導演華卓斯基兄弟（The Wachowskis）都公開表明受到「攻殼機動隊」啟發與影響。

押井守常說自己並非動畫人，而是用動畫手法拍攝電影的「電影導演」。他在自己「所有電影都會變成動畫」（すべての映畫はアニメになる）一書中，曾提到對他而言動畫僅是拍電影的方法之一，不管是手繪還是 3D 電腦動畫、或是真人特攝影片，電影應該注重核心思想，鏡頭語言才是最主要的說故事方式。押井守的作品風格獨樹一格。他擅長以較隱晦的暗喻手法來敘說劇情，並且大量的使用電影鏡頭語言，而非動畫業界的公式運鏡。角色以獨白方式述說內心世界、或是特意使用一般動畫片中較少出現的空鏡頭，不讓角色入鏡，而是讓畫面呈現壓低著雲的天空，暗暗喻憂悶的劇情；或是大膽地從透過水族箱看角色對話，讓魚成為前景，主角們則模糊不清，押井守運用電影語言手法之熟練，是其他動畫導演望塵莫及的。

越來越多的觀眾認為押井守的作品不是動畫，將之定義為電影，如此就可解釋生硬冷澀的押井式風格。押井守帶領觀眾悠遊於動畫與電影之中，不受既定框架限制，嘗試將電影語言引進動畫作品之間，探索他獨特的世界。

大友克洋

談起日本動畫導演，除了宮崎駿，另一位知名動畫導演大友克洋也是身兼動畫導演與漫畫家這樣的身分。如果說宮崎駿是讓日本動畫的藝術成就揚名國際走向世界的功臣，歐美動畫迷們對日本動畫的印象卻是更早來自於大友克洋的作品。

職業漫畫家出身的大友克洋，主要作品是在漫畫雜誌上作連載，頹廢搖滾的風格，來自於美國黑暗系列電影的影響。作畫風格與畫面上力求寫實，相較起同時期強調角色特徵與特殊設定的漫畫，大友克洋的作品反而比較接近劇畫，每個畫格都彷彿是精心重新描繪的電影場景，充滿張力卻又不失細節。1983 年他的漫畫作品「童夢」榮獲一向只頒給小說的日本科幻大獎，也是首位獲得此殊榮的漫畫家，可以看得出來他的漫畫故事基底設定之紮實，比起小說書籍並不遜色。

1983 年應同為科幻作家的朋友要求，擔任動畫電影「幻魔大戰」的角色設計，發現動畫電影這項與平面漫畫完全不同的媒材後，開啟了大友克洋的動畫之路。此時他正在雜誌上連載「光明戰士阿基拉」的漫畫，也看到許多受歡迎的漫畫改編成動畫影片之後，礙於導演風格或動畫技術，未能完美呈現原作之憾；因此開始構思要將漫畫原作動畫化，唯有自己來擔綱動畫導演，才能表達出最完整的面貌。他邊進行漫畫連載邊籌畫，於 1988 年推出「光明戰士阿基拉」動畫電影。此片未演先轟動，本來有些不安的漫迷們，擔心漫畫版作品風格細膩，畫面細節相當繁複，漫畫裡每一格可以慢慢畫，但動畫化後能兼顧品質嗎？當年的動畫製作，三十分鐘的卡通影集大約就要花上五千到一萬張的作畫張數，這還算是基本的作畫品質要求。而堅持所有細節，親自監督的大友克洋果然不辜負期待，「光明戰士阿基拉」總

作畫張數竟達十五萬張！將總長兩小時的片長來換算，作畫密度相當驚人，製作預算也破十億元，為當年動畫界一大創舉。上映後票房長紅，除了在國內創下不錯的口碑，之後更翻譯成六國語言到歐美與世界各地上映成為代表作品，細膩的作畫品質，以及充滿魄力的爆破場面，讓該片迅速成為動畫業界的討論話題，得到很高的評價，並榮獲許多相關獎項，亦讓國外的觀眾重新認識了日本動畫的無限潛能。「光明戰士阿基拉」凝聚一般電影也不易做到的緊張感，以及追力十足的科幻場面，充分發揮動畫本身無窮的素質與力量。片中瓦礫紛飛的都市毀滅場景與機械設定，成為大友克洋動畫作品最具代表性的風格；亦成為日後許多動畫爭相效仿的對象。

多才多藝的大友克洋，陸續於 1995 年推出「MEMORIES」與 2004 年的「蒸氣男孩」…等動畫作品，並持續參與動畫製作，為許多知名動畫，例如「老人 Z」、「轟天高校生」以及改編手塚治蟲原作的「大都會」擔綱角色設定與機械設計…等。他並沒有停下原本事業，除了擔任漫畫原作之外，也繪製廣告與商業插畫，並於 2007 年時擔綱改編自漫畫「蟲師」的真人電影導演，2013 集結森田修平、安藤裕璋與角木肇等導演推出「SHORT PEACE」短篇電影。大友克洋對日本動畫界的影響，已經不僅僅是漫畫家或動畫導演而已，而是賦予日本動畫獨特風格的代名詞。

日本動畫之所以能夠在世界上佔有一席之地，眾多的動畫導演是其幕後功臣。動畫業界的前輩不斷的提攜後進，使得每年都有後起之秀加入，如「東京教父」的導演今敏，就曾經是大友克洋的助手；製作「新世紀福音戰士」的庵野秀明、美樹本晴彥與貞本義行，也參與過「風之谷」與「超時空要塞」的製作，新一代的動畫導演細田守與新海誠也正在發光發熱，可以預期的是，日本動畫在這些充滿理想的導演們的努力之下，未來會有更多優秀的作品呈現在觀眾眼前。

水墨動畫揚名的中國動畫

近年來中國大陸的動畫基地紛紛成立，也出現許多亮眼的動畫系列作品；例如兒童取向的「藍貓」、「喜羊羊與灰太狼」系列電視卡通影集，或是長篇動畫電影如「風雲決」，皆有一定的水準與產量。在日美動畫盛行的現今，其實中國很早就開始了動畫的製作。本章節我們會介紹到水墨動畫與製作許多經典動畫的上海美術製片廠。

1938 年，萬氏兄弟，先後為中國電影製片廠繪製了四集「抗戰標語卡通」和七集「抗戰歌輯」，算是中國最早的動畫影片。1940 年後，萬籟鳴和萬古蟾返回上海，到新華影業公司卡通部工作。1937 年，美國卡通片「白雪公主」在上海放映，萬籟鳴和萬古蟾兄弟二人看過之後大為震驚，經過慎重考慮，決定繪製動畫長片「鐵扇公主」，這是亞洲第一部也是當時繼美國的「白雪公主」和「木偶奇遇記」(Pinocchio 1940)之後的動畫長片，有著時代上的意義。1941 年該片完成，以中國聯合影業公司名義發行上映，受到人們的喜愛，並在亞洲引起巨大迴響。日本動畫大師手塚治虫曾說他正是看了這部動畫片後放棄學醫，決定從事動畫創作。

提到中國動畫史的經典作品，不得不提起水墨動畫片之一的「牧笛」。動畫導演特偉與錢家駿，與畫家合作，將傳統水墨畫中虛實的空靈意境與優雅的筆墨撫觸改編成動畫；本片的製作方式早期被上海美術製片廠封存成為商業機密，近年來隨著老導演們的凋零，亦逐漸揭開它神秘的面紗。「牧笛」一片請來水墨畫家李可染為片中主角之一的水牛繪製樣貌，他畫了十多幅手稿提供給製片廠，作為影片風格給動畫人員參考。從 1961 年開始到 1995 年，上海美術製片廠前後共製作了四部水墨動畫作品，分別是「小蝌蚪找媽媽」、「牧笛」、「鹿鈴」與「山水情」；每部都是世界僅有的經典作品。前三部以類似剪紙動畫的方式進行逐格拍攝，加上動畫人員們一筆一畫的描繪，動態相當細膩；獲得國際許多大獎；許多觀眾與導演觀賞後，都對龐大卻細緻的工作感到相當佩服。「牧笛」在製作完後不幸地遇上政治局勢不穩定時期，連上映的機會都沒有就被深鎖在片庫中。十數年後終於重新回到觀眾眼前，並且獲得法國安錫動畫影展與薩格雷布動畫影展…等多項國際大獎。之後由新人導演唐澄接手，因為經過十數年的斷層造成經驗流失，工作團隊等於是重新開始；在與老牌攝影師段孝萱共同努力下，引進新的攝影技術與材料；經過一年的苦鬥，才終於將水墨動畫的風采再現於世人面前。

上海美術製片廠成立於 1957 年，當年設了動畫、剪紙與戲偶三個專屬部門。當年不管任何類型的動畫影片，都是通稱美術片。上海美術製片廠以片場製作方式加上生產線流程，每年作品產量高達十數部；市佔率將近八成，也就是在電影院或劇場看得到的動畫作品，幾乎都由它一手包辦；也讓上海美術製片廠成為中國動畫公司的代名詞。公司廣召動畫藝術人士，包括動畫導演、藝術家與漫畫家；首任廠長就是有名的漫畫家特偉；著名動畫導演萬氏兄弟也是出身於此。全盛時期與國際接軌合作，像與日本偶動畫大師川本喜八郎合作的「不射之射」，亦成為偶動畫經典作品。

近年來動畫產業興盛，中國的動畫基地與工作室、公司一家一家的迅速成立，上海美術製片廠除了持續新動畫片的製作之外，並使用現代科技，將 1961 年推出的「大鬧天宮」重新製成 3D 立體電影版本，想要將傳統重新介紹給新世代的觀眾，並積極拓展動畫影展與其他動漫相關事業，美國著名導演史蒂芬·史匹柏創立的夢工廠動畫公司也在上海合資成立「東方夢工廠」，相信必能再掀起中國動畫的風潮。

向世界挑戰的台灣動畫

台灣動畫早在五〇年代就開始萌芽，由桂治洪兄弟所製作的黑白動畫短片「武松打虎」，片長約略十分鐘左右。後來至六〇年代，動畫家趙澤修在光啟社成立動畫部，製作台灣最早的動畫宣傳短片「石頭伯的信」、「懸崖勒馬」…等多部作品。

趙澤修曾至日本有名的東映動畫公司以及美國迪士尼動畫公司、漢那巴巴拉卡通公司學習，接受專業動畫訓練。回到台灣後便成立動畫部門「澤修美術製片所」，最具代表性的作品有「龜兔賽跑」，是台灣第一部彩色動畫作品。雖然「澤修美術製片所」短短兩年後便關閉，其後趙澤修遠赴美國，但還是有不少動畫人尊稱他為「台灣動畫之父」。

七〇年代動畫產業逐漸興盛，「影人卡通製作中心」以及「中華卡通」、「宏廣卡通公司」、「中國青年動畫開發公司」與「遠東卡通」多家公司紛紛成立，與國外動畫公司合作，並各自發展出日式與美式動畫代工技術，亦奠定台灣動畫產業的根基。

1974 年，中華卡通創辦人鄧有立，推出「新西遊記」、「中國文字演變」…多部作品，其中最具代表性的首推「封神榜」，是台灣第一部彩色動畫電影，成功打響國產動畫片名聲。從八〇年代初期開始，以宏廣卡通公司為主，國外動畫代工業務量迅速成長，台灣代工的優良品質與好口碑，讓國際動畫業者紛紛將動畫訂單轉進台灣，客戶訂單中不乏大名鼎鼎的迪士尼、華納與漢那巴巴拉卡通…等廠商。

八〇年代初期政府為鼓勵國人影像創作，成立金穗獎，獎項眾多加上高額獎金，意外讓許多校園相關科系的藝術人才紛紛投入動畫創作；這時期的動畫短片創作人不同於商業動畫，在題材與製作素材上較廣泛也較自由，表現形式亦相當多元；知名的動畫創作家有杲中孚、石昌杰以及張振益、史明輝…等人，在台灣動畫短片的創作上不遺餘力。

1981 年遠東卡通公司與香港合作，將香港暢銷漫畫老夫子改編成動畫電影「七彩卡通老夫子」，創下港台兩地極佳票房，也奪下金馬獎最佳動畫片獎項。與國外廠商合作時期，台灣也持續推出本土作品，有由基甸救世傳播協會投資製作的卡通電視影集「平平與安安」，以及漫畫家蔡志忠所成立的龍卡通製作的「烏龍院」，宏廣卡通公司與余為政導演合作的「牛伯伯與牛小妹大破鑽石黨」、公司自製的「小叮噹大戰機器人」…等多部影片。

進入九〇年代後，許多動畫公司隨著政府開放兩岸政策，紛紛前往大陸設廠，台灣動畫業界對製作動畫長片電影的意願亦隨之大幅降低；這時期僅剩政府的輔導獎金或金穗獎金，但許多動畫人依舊展現台灣原創力持續創作，推出多部動畫電影與動畫創作短片。例如 1994 年由作家小野編劇，與蔡志忠合作的「禪說阿寬」，以及僅於校園與影展播映的「少年葛瑪蘭」、融合台灣風情的「清秀山莊」，與電影導演王小棣挑戰動畫長片的「魔法阿嬤」；採用迪士尼動畫製作方式，先請真人演員演出並且先行配音錄製台詞，再依照影片與聲音製作動畫。「魔法阿嬤」於 1998 年上映，獲得相當大的迴響，也是首部進軍國際影展的本土動畫電影。

九〇年代時數位化時代來臨，加上電腦軟硬體設備進步與個人電腦普及，以及網際網路加速資訊傳遞，各級學校也陸續開設動畫相關科系與課程；個人動畫創作與小規模動畫工作室紛紛成立，為呈現低迷的台灣動畫界注入嶄新的活力；在這股動畫浪潮中，有許多學院派科班出身的創作新秀；有以 3D 動畫「小太陽」著名的邱立偉，創作玻璃彩繪動畫的謝佩雯，結合電腦後製技術與偶動畫的陳龍偉…等人，作品風格兼顧藝術與原創性，為國際影展爭相邀請的常客。

在網路世代來臨後，動畫界將傳播平台擴展至網路影音分享平台。例如洛可可影音創意公司與知名作家吳若權合作，推出「摘星」、「戀雨」等 2D Flash 動畫，讓許多網友們為之風靡。春水堂科技娛樂出品的「阿貴」系列動畫，更是狂銷周邊產品，甚至進軍日本在地方電視台上播映。

2000 年之後，國內的傳統動畫公司如宏廣動畫、鴻鷹動畫與遠東卡通紛紛將製作重心移往大陸，國內的動畫公司開始朝向 3D 動畫與廣告特效發展，此時有西基、太極影音、首映創意與冉色斯創意影像公司，陸續推出具有國際水準的動畫影集。除了大公司，也有許多由學界出身的動畫工作者也開始創立工作室製作動畫影集與電影，如製作「小貓巴克里」的 studio 2 以及「木偶人動畫」、「BBS 鄉民的正義」的星木映像。多元化發展也是趨勢之一，如文瀾資訊與肯特動畫於 2013 年推出結合 2D 手繪與 3D 電腦動畫的長篇電影「夢見」，就由台灣角川出版漫畫版「夢見」，動畫多樣化的發展未來可期。

台灣動畫發展至今，有時因票房或商業考量，動畫長片電影的投資相較起國外較少，成本也較低。但還是有許多動畫新秀以短片創作的方式繼續奮鬥著，在國內外動畫影展得到不少掌聲，若能將產業界商業專才以及學術界的藝文創意領域空間，加上政府正確衡量實際市場情形推出輔導機制，相信構築出台灣動畫的黃金時期必定不是夢想！

台灣動畫公司介紹

西基電腦動畫 http://www.cgcg.com.tw/
仙草影像工作室 http://www.grassjelly.tv/
電視豆 http://www.tvbean.com/
大腕 http://www.cg-bulky.com/
太極影音 http://www.digimax.com.tw/
春水堂科技娛樂 http://www.kland.com.tw/
青禾動畫設計 http://www.greenpaddy.com.tw/
兔將創意影業 http://www.twrglobal.com/
遠東動畫 http://www.ento.com.tw/
砌禾數位動畫 http://www.cheerdigiart.com/
studio2 http://www.studio2.com.tw/
海朵視覺特效 http://www.hydravfx.com/
冉色斯創意影像 http://www.xanthus.com.tw/
豆油瓶影像動畫 http://doyopins.blogspot.tw/

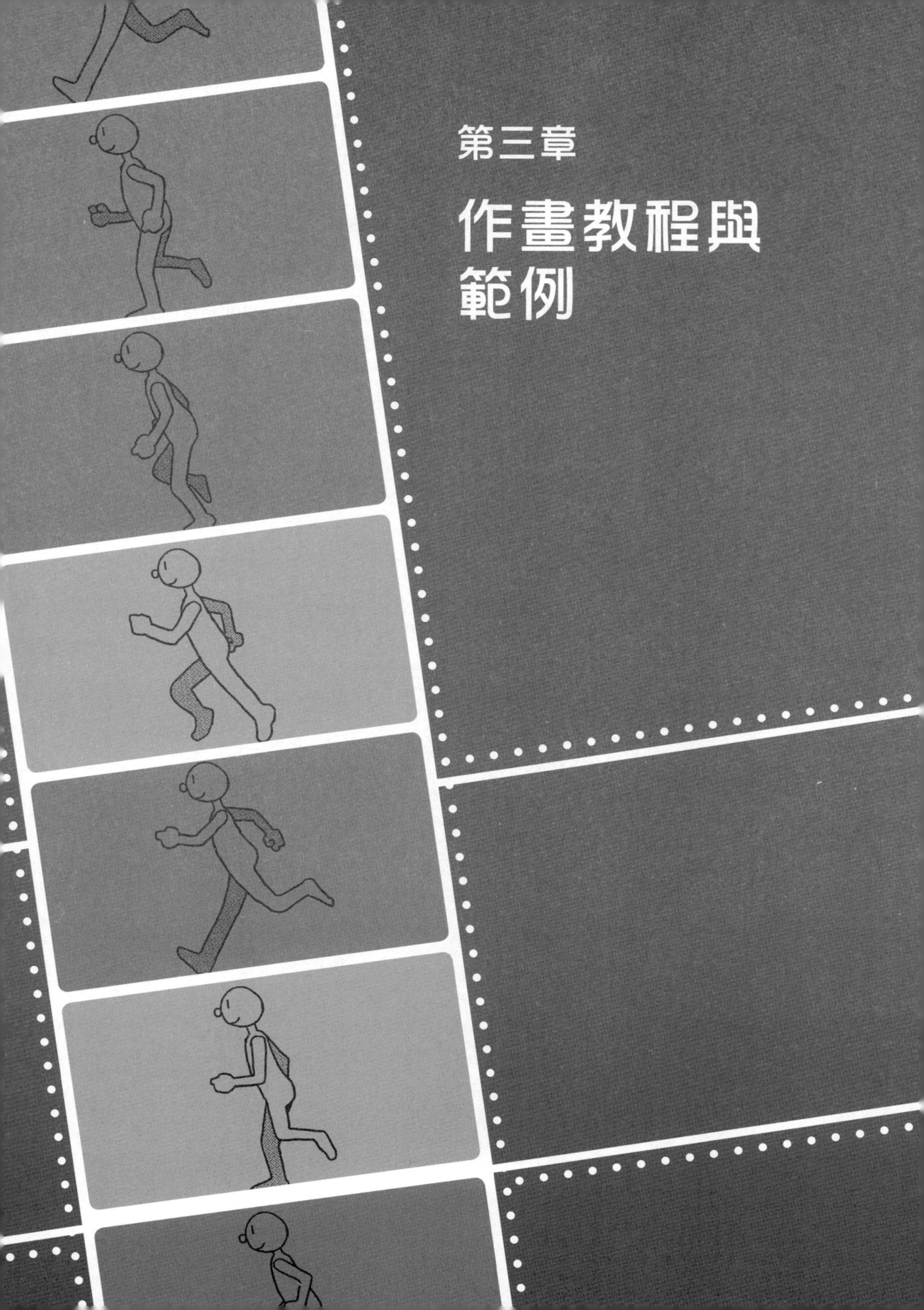

第三章

作畫教程與範例

手繪動畫前置作業與基礎知識（動畫用具 故事腳本紙）

工欲善其事，必先利其器。製作動畫需要什麼樣的準備呢？接下來我們會從最基本的工具到製作動畫時常見的一些表格與專業名詞做簡單的介紹。

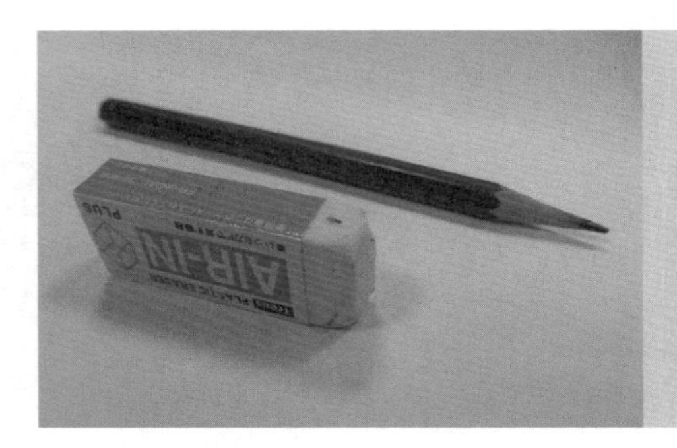

鉛筆與橡皮擦

不建議使用自動鉛筆，線條較生硬且不好擦拭。

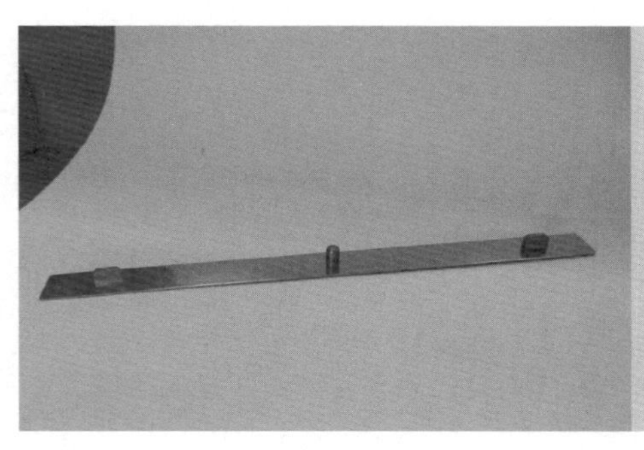

動畫尺

材質通常為金屬或塑膠，上方有一圓兩長條的定位條。

透寫台

或稱光桌，桌面為壓克力或玻璃。

動畫紙

通常是 A4 大小，在側邊會有一圓兩長條的定位孔洞；與動畫尺一起使用。

掃描器

近年來手繪動畫已數位化，將完成的動畫紙掃描到電腦進行下一步的剪輯。

數位相機

在拍攝立體動畫時使用。

故事腳本用紙

為動畫片製作時圖像腳本用紙。（下一頁範例）

基礎用語 - 動畫與原畫

原畫在日文中為原画，指的是 keyframe，或是關鍵動作、關鍵影格。

動畫則是將關鍵動作之間不夠的張數作補充與連結，讓動作可以看起來更加流程；動畫在日文中被稱為中割，或亦有人稱之補間動畫。

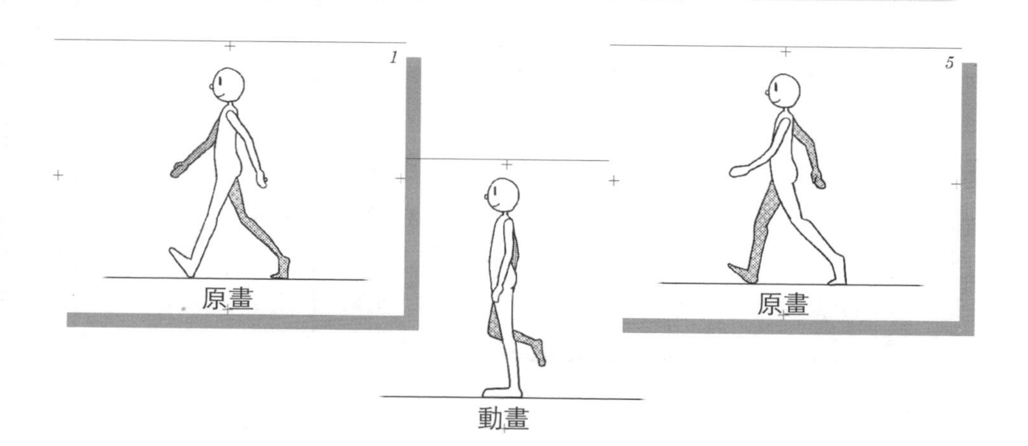

故事腳本用紙

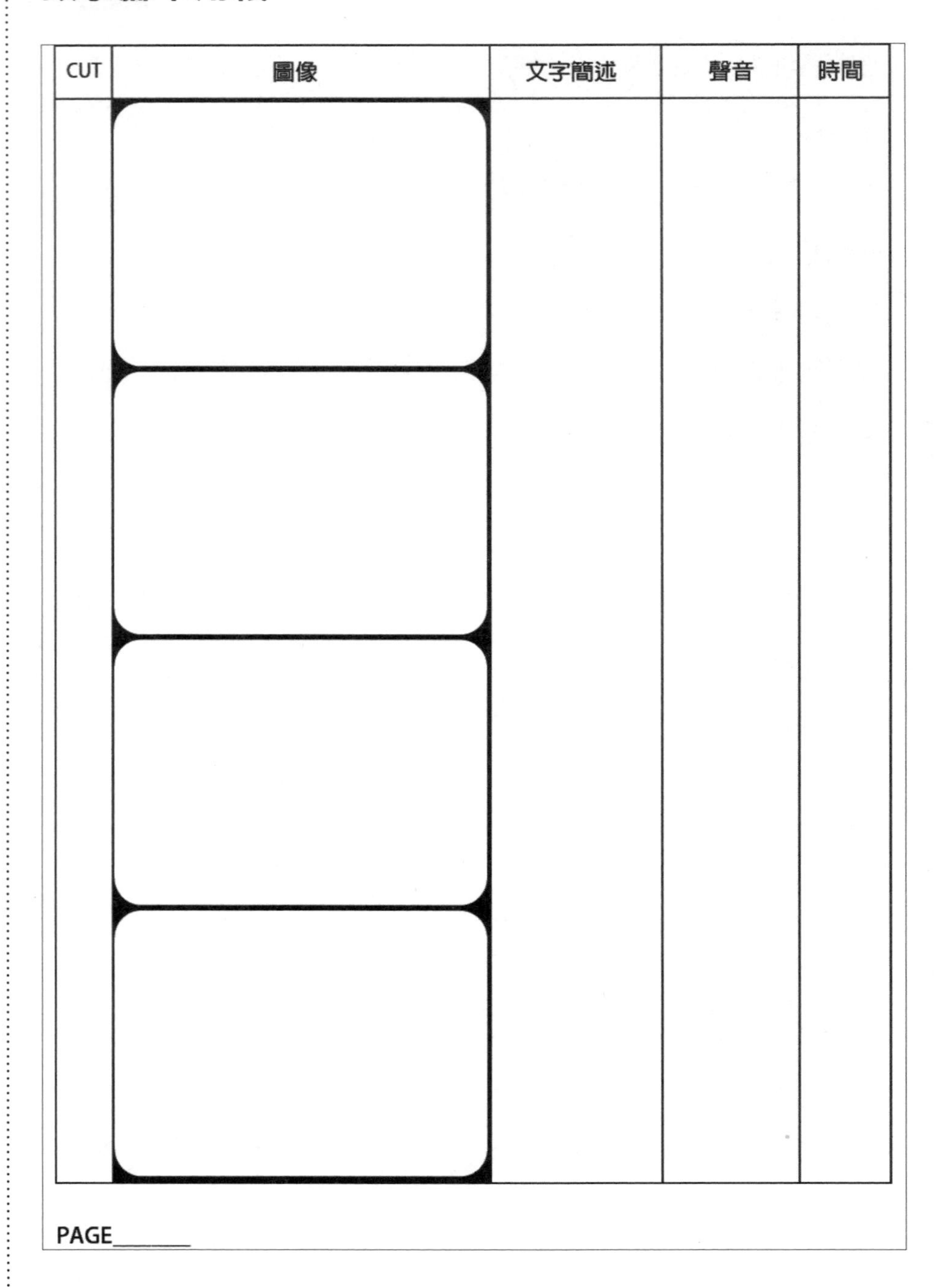

CUT	圖像	文字簡述	聲音	時間

PAGE________

角色繪製

每部動畫作品裡面都有吸引人的角色，如何從零開始創建呢？以最常見的人物設定為例，照著步驟其實一點都不難！

別找火柴棒人

很多人看到動畫繁複的過程，便打退堂鼓，想只要請火柴棒人當主角就好。但其實越簡化的造型在動畫裡面，反而是越不好使力的！不要害怕提筆，試著畫畫看吧！

從骨骼開始

讓火柴棒人稍微變胖些，加上基本的骨骼與體型。是否有點樣子了呢？

比例骨架

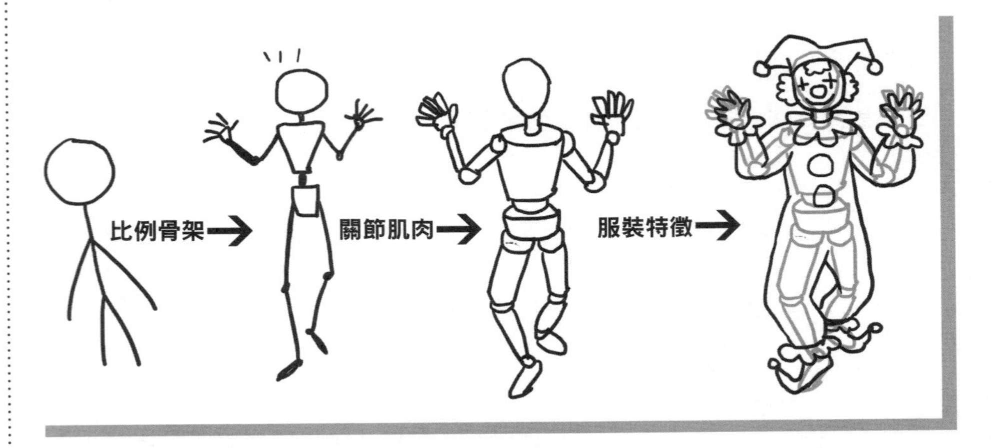

照著加上骨骼、長肉，漸漸有人物的樣子後，再幫它穿上服裝。

清除草稿線條後，塗上色彩。一個活生生的角色誕生了！

人物的比例

在角色設計中很重要的一環就是比例。設計可愛風格的 Q 版，使用兩到三頭身就對了；假若風格是少女戀愛故事，那麼角色可以大膽的嘗試八或九頭身，讓角色身型看起來更修長。

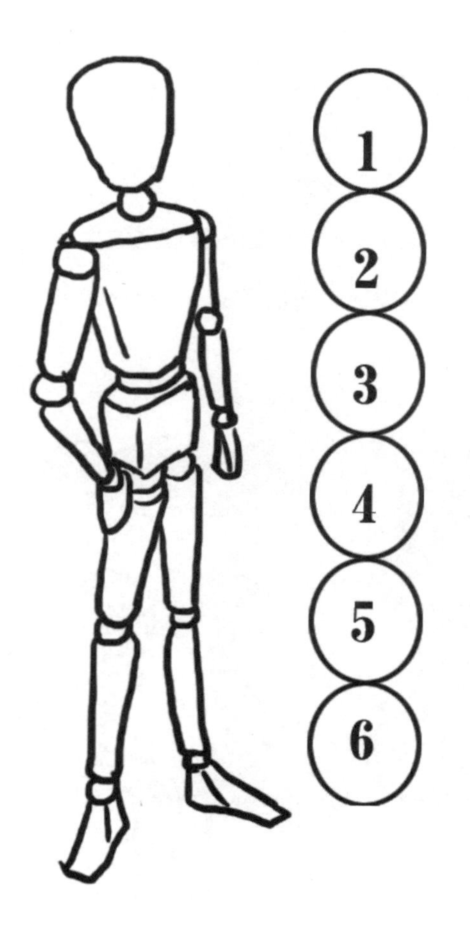

頭身比

畫人物時，為了快速的取得大概的比例，通常會使用頭當做基準單位，作為身高總長。一般人的成人頭身比例大致在六至八頭身之間，年齡較低的小朋友則是五到六頭身，有些國際模特兒身材甚至可以到八頭身。頭身比跟身高完全沒有關係，指的僅僅是身體比例而已。

繪製人物角色時使用頭身比，就可以避免畫出不合比例，某個部位太壯或身高過長的角色。當然，頭身比並非絕對守則；僅為畫畫時抓比例的參考方式；墨守成規是畫不出活潑的角色的!

設定完成頭身比，就可以輕鬆地依照比例畫出角色不同的角度了。

賦予個性

在一部作品中，如果只有孤單的主角在唱獨角戲，必定是很乏味吧。在角色設定中，如何創造許多職業、年齡與服裝不同的其他人物是相當重要的環節。

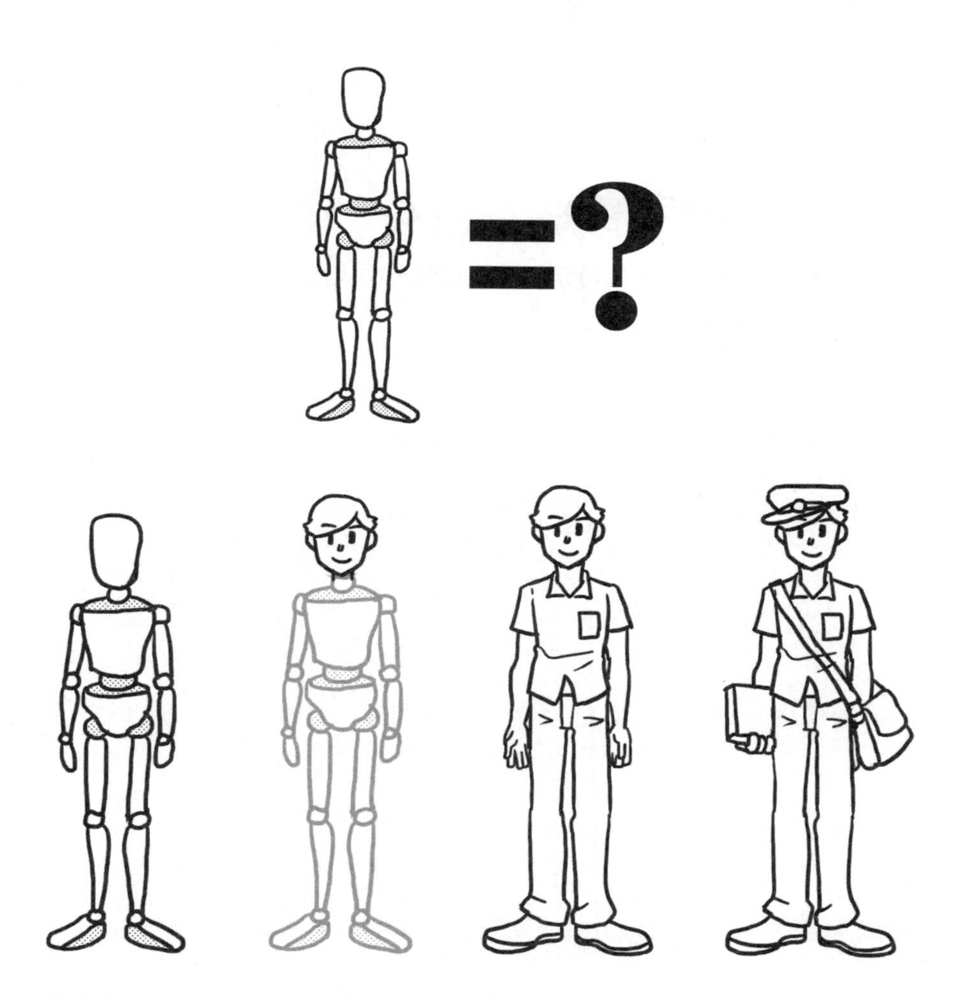

依照角色在故事中的性別、年齡、服裝 ... 等特徵來做設定，對劇情發展有相當的助益。

除非是角色的特殊設定，在同部作品中大部分的主要角色比例設定都會很接近。

練習 請試著用自己的風格畫出兩位角色：

一、穿著吊帶褲俏皮的小女孩，年齡約七到八歲左右。

二、小吃店老闆，大約是五十幾歲的大叔。

從臉看角色

有句話說從臉看人生，學生稚嫩青澀的臉蛋兒跟歷經風霜的老人家有大大的不同。雖然肢體語言與服裝設計，可以讓觀眾一眼看到角色外觀與感覺；當鏡頭帶到特寫時，則必須好好地描繪臉部。

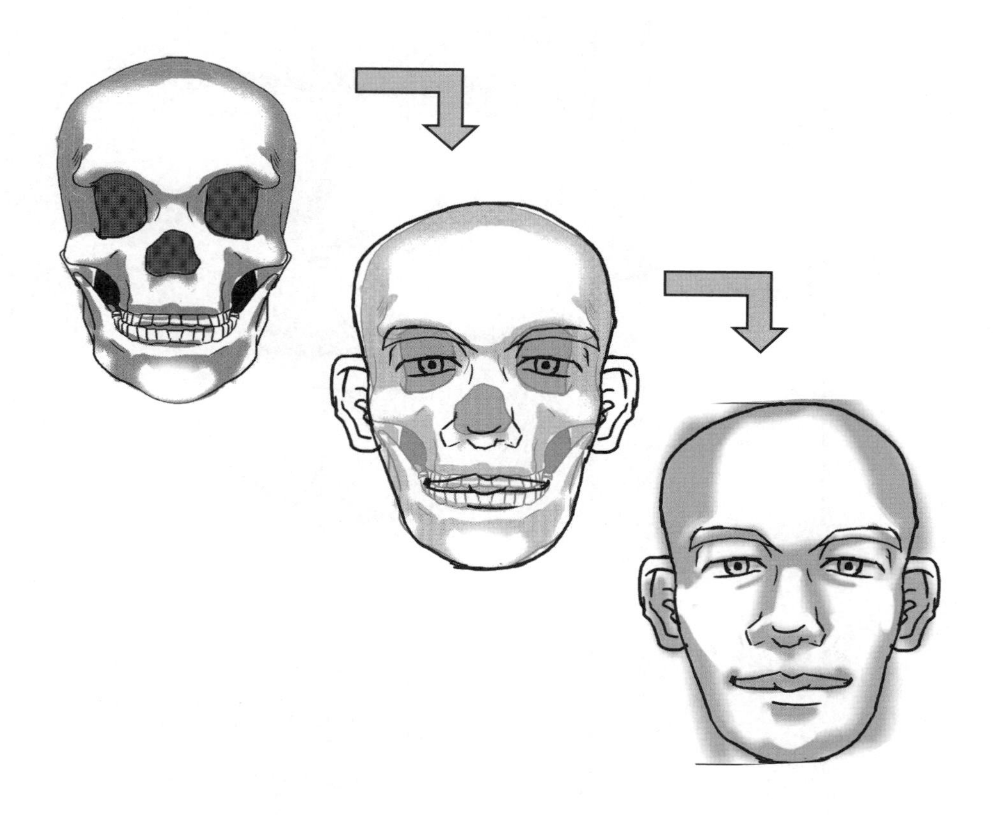

人類臉部也有個黃金比例，部位有點像大眾臉般的比例。在畫臉時先想想上圖最左邊的骨骼構造，再依照位置畫上眼睛、鼻子…等五官，就會出現一個好像在哪看過的最普遍的人臉了。

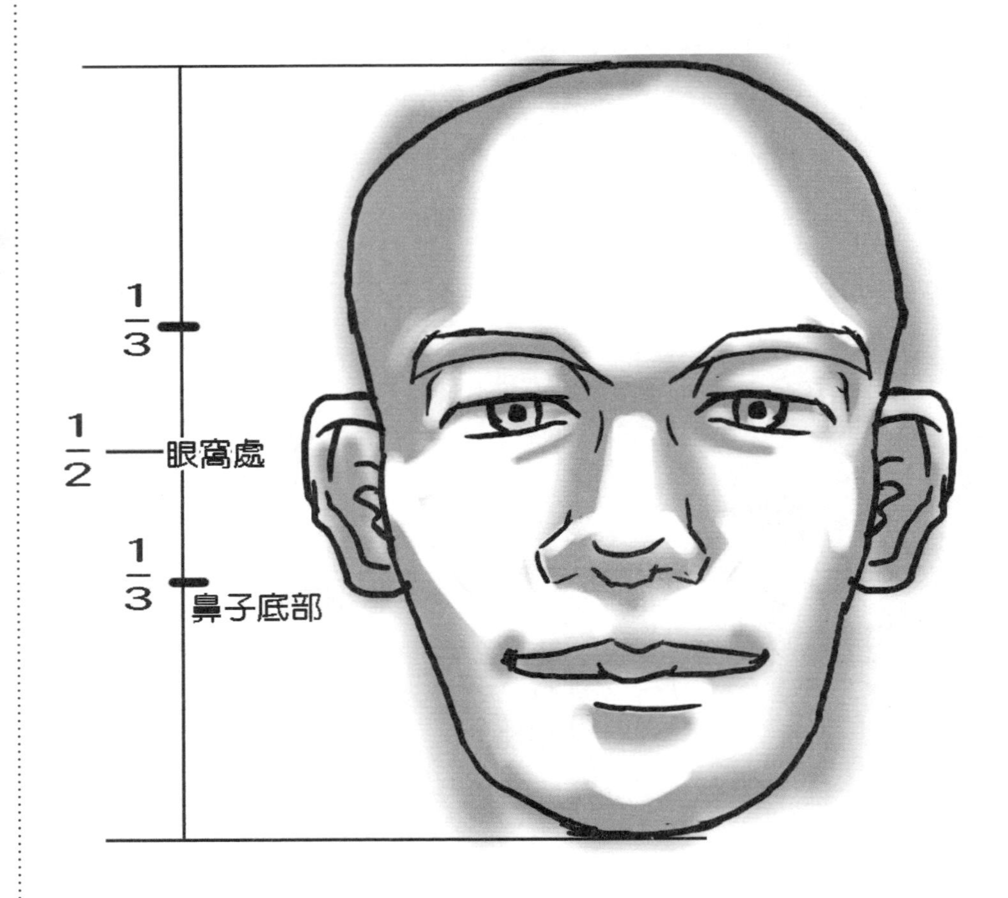

簡單的人臉公式：

(1) 頭頂到下巴為基準，二分之一的地方是眼睛的位置。

(2) 頭頂到下巴為基準，分成三等分；分別是眉毛與鼻子底部。(3) 耳朵位置大約是眼睛到鼻孔。

(4) 從鼻翼兩側往斜下拉則是嘴巴的寬度。

依照公式畫出一個臉之後，試著改變五官的大小以及位置，並加上頭髮與其他裝飾品。有時候只是眼睛稍微大點、鼻子小些，都會有完全不同的面貌呈現。

人臉公式為平均值算出來的大眾臉，多觀察身邊不同的人，並動手畫下來，才能創造屬於自己的角色風格。

簡易動畫角色創造

掌握人臉公式後，將線條減少到最低，以卡通簡筆畫風格畫上五官；這時候還不要把性別特徵與年齡感覺畫出來。

加上長髮與頭飾與幾根眼睫毛…

穿著西裝領帶，眉毛畫粗些就像男生了

老人家皮膚有些鬆弛再加些皺紋

挑戰擬人化

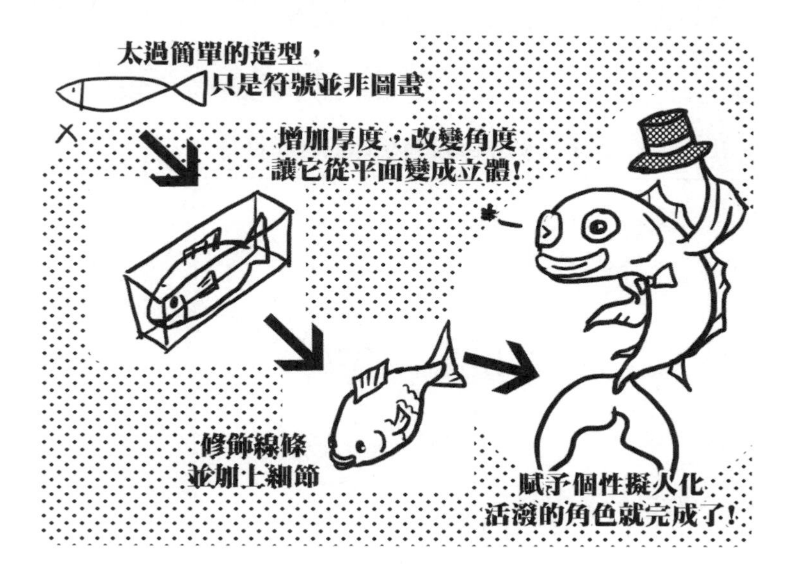

練習

一、任選一部動畫片，臨摹片中主角與配角的造型，盡量越像越好。

二、用自己的畫風將上一個題目中的角色再畫一次。

三、找出動畫片中主角與配角的主要配色為何？是接近色還是對比色？

動畫透視法

在製作動畫時，雖然不需要如同室內設計或工業設計般，用精準的數據測量空間做出透視，但若是動畫師沒有正確的透視觀念…

就會畫出上圖般沒有遠近與空間感的失敗例子。

如何？比較有空間感了吧！這就是透視觀念的重要性！

透視技法一般來說有三種：一點透視、兩點透視與三點透視。一點透視觀念較簡單，也最常被運用在畫面中，製造遠近的空間感。兩點透視則是適用於街景、場景的繪製。當要強調高樓大廈、聳立的城堡，這時就是三點透視技法上場；但不論是哪種透視法，中心觀念只有一個最基本的 --- 視線消失點。

動畫透視法　一點透視

1. 確定消失點

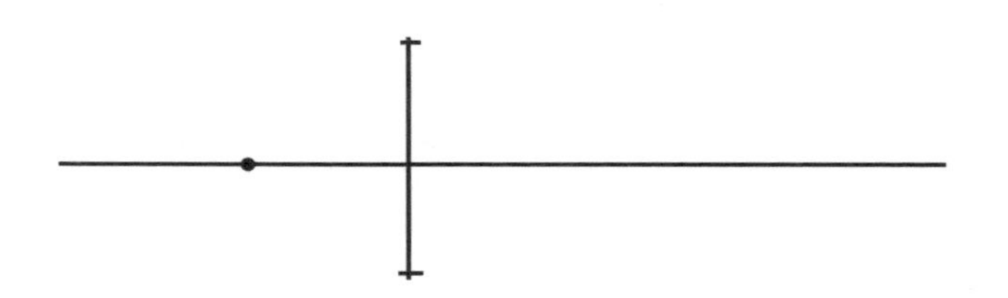

2. 畫出高度

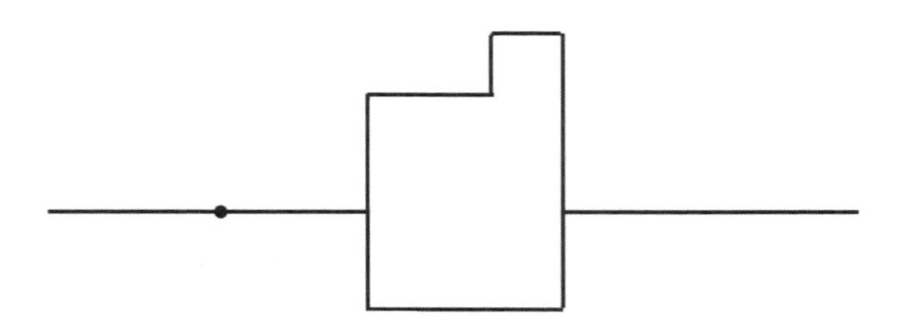

3. 畫出平面圖

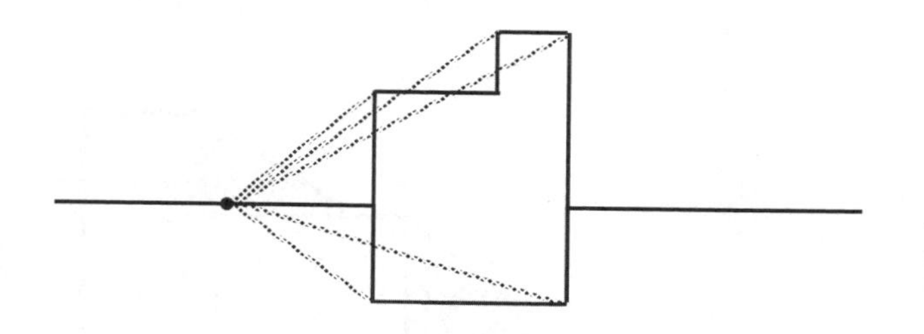

4. 從相交處連至消失點

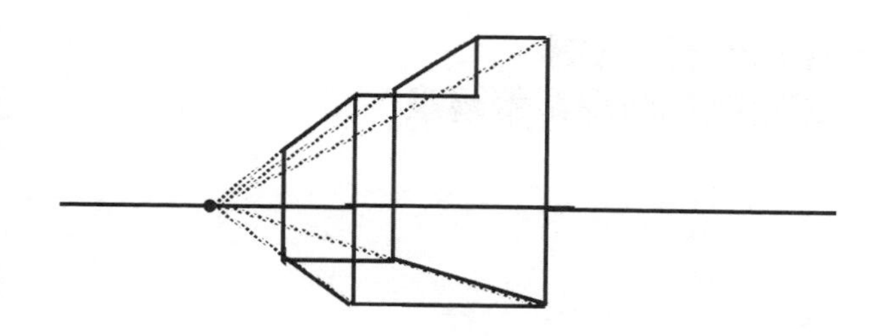

5. 畫出深度

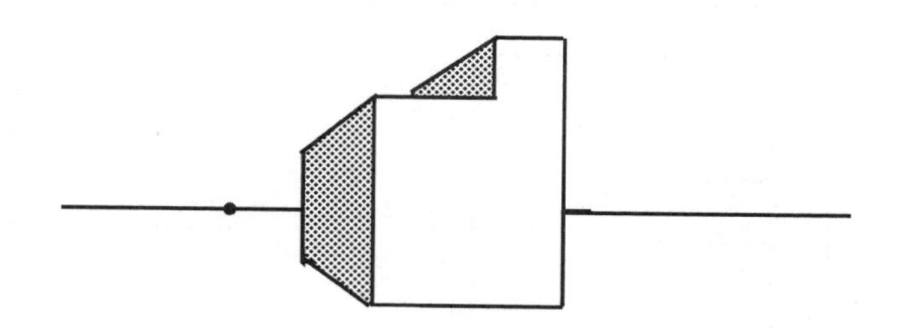

6. 擦去不必要的鉛筆線

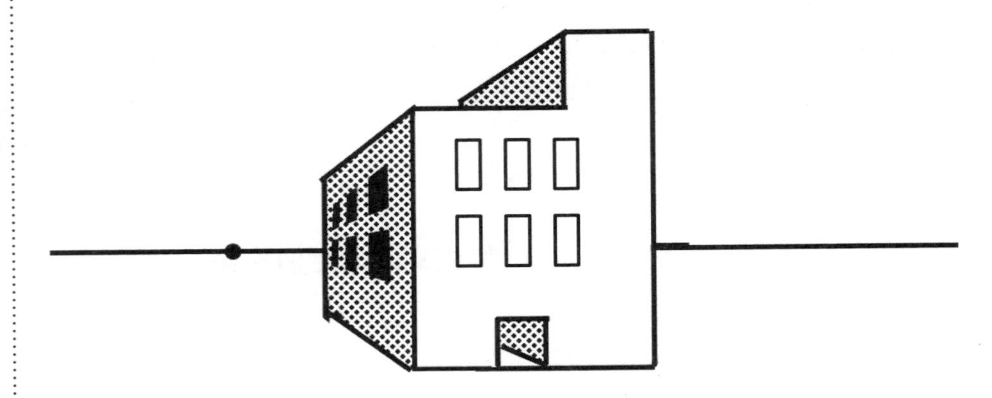

7. 增加門窗等細節
即可完成簡易背景建築

練習

試著將下列圖形以一點透視畫出立體感。

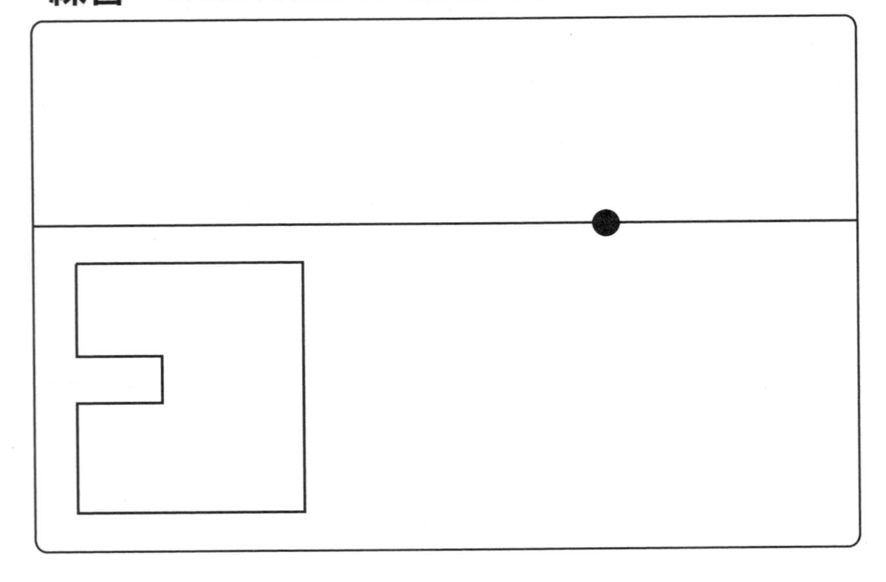

動畫透視法　兩點透視

1. 確立兩處消失點

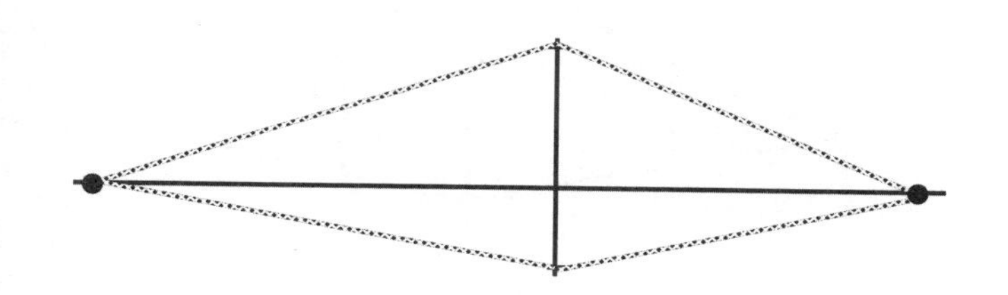

2. 兩端連接消失點

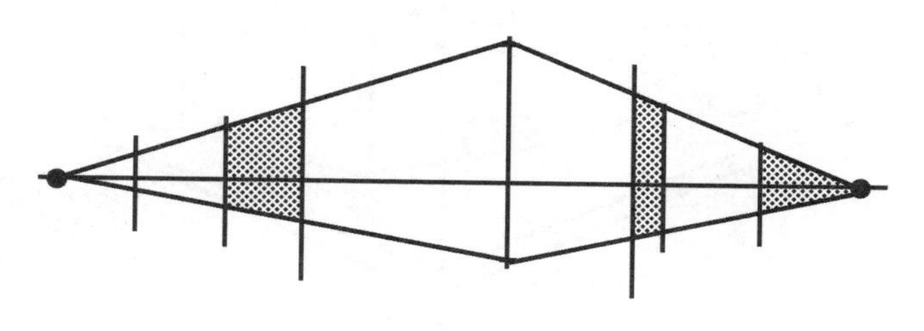

3. 畫出寬度與深度

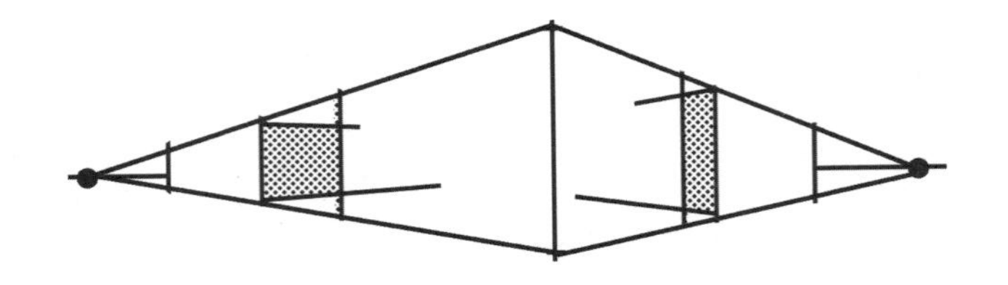

4. 連結兩端消失點作出
另一面的寬度與深度

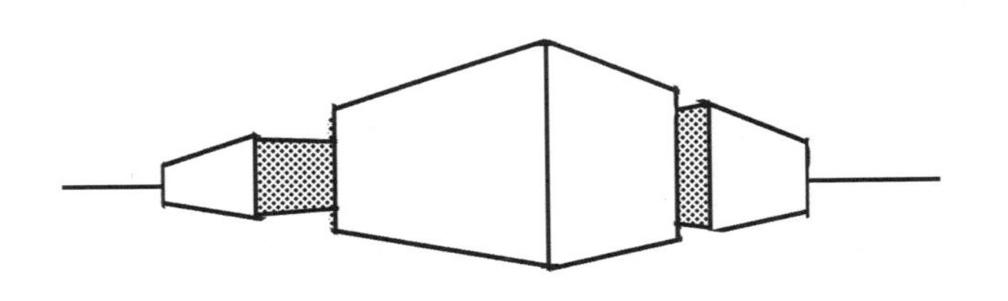

5. 擦去不必要的線條

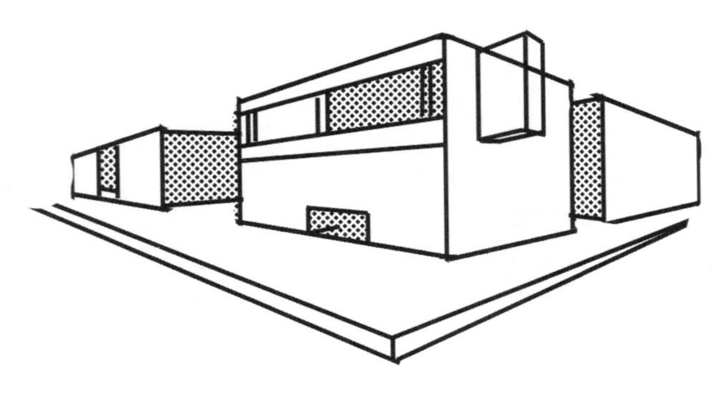

6. 繪製門窗道路細節

練習　將未完成的下圖以兩點透視法完成。

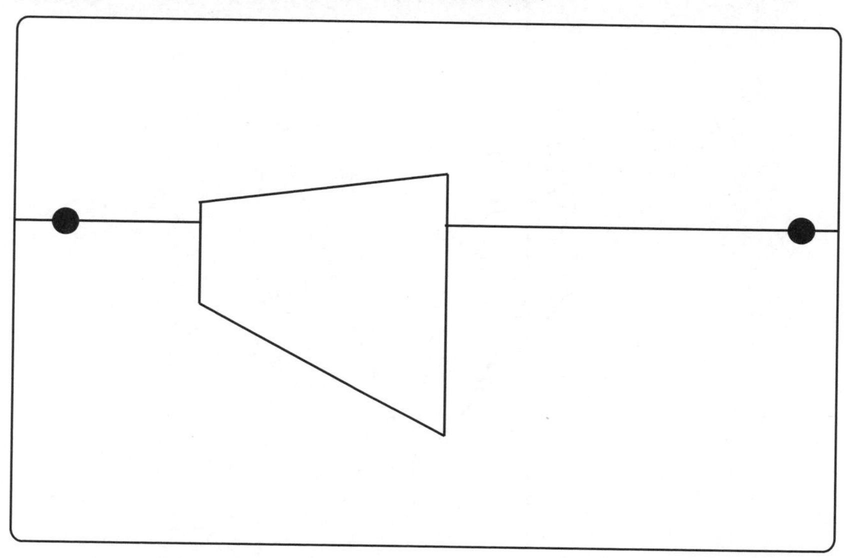

練習　以圖中的線條做為高度畫出簡單的房舍。

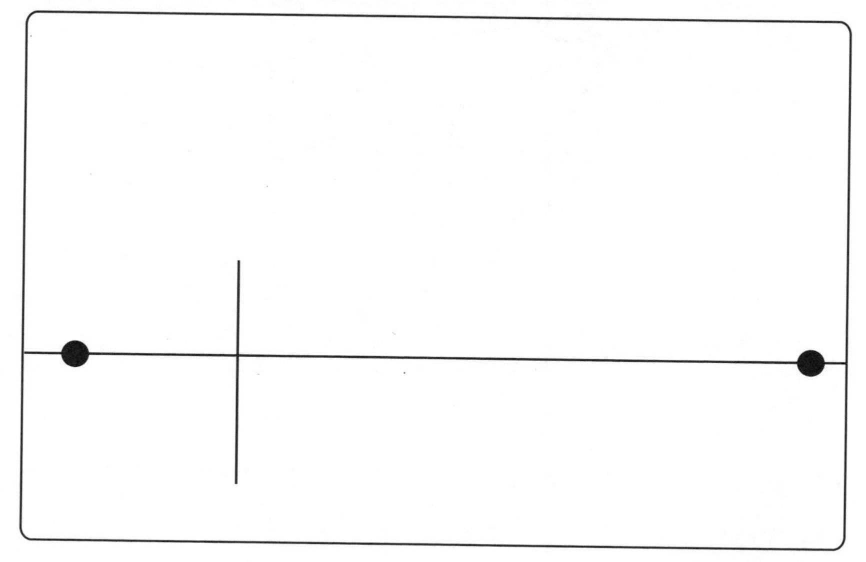

動畫透視法　三點透視

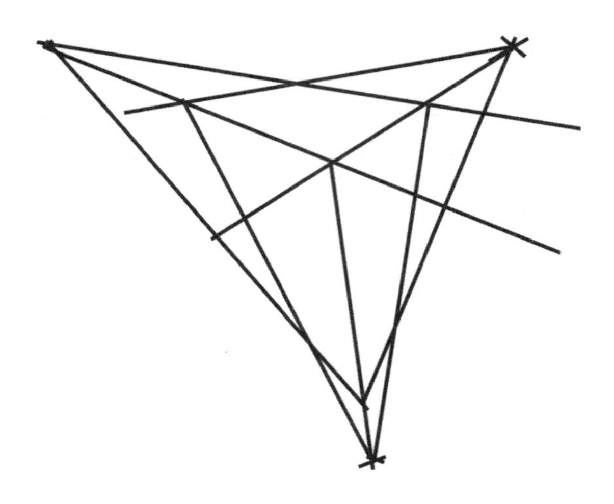

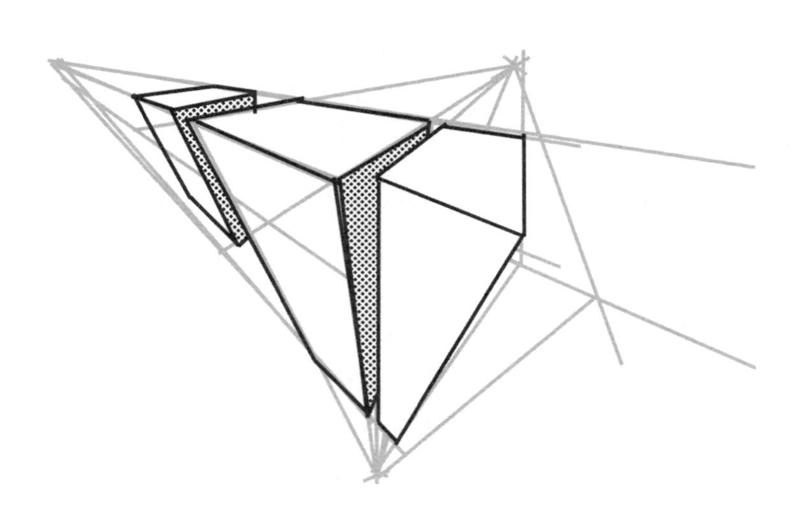

只要透視觀念正確，不管是畫背景或角色，空間掌握都不是難事；在 3D 軟體時更能快速上手。

透視速成法

在畫草圖時或是構思初期，如果也要拿尺對著消失點慢慢拉直線，恐怕是趕不上靈感泉湧的速度；在此提供簡單的透視速成方式，只需先畫好開始跟結束（頭尾）的兩項物件，甚至不需動到尺規工具，就畫出正確的空間感。適合在繪製人行道、路樹或電線杆 ... 等具有前延伸感的圖像時使用。

● 快速取得透視效果 繪製整排行道樹

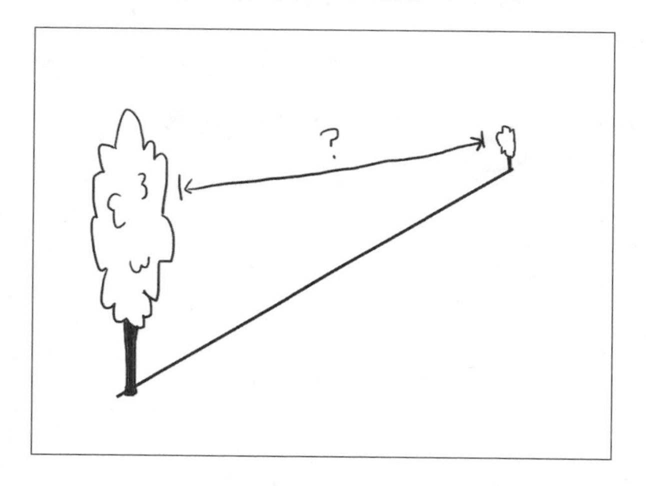

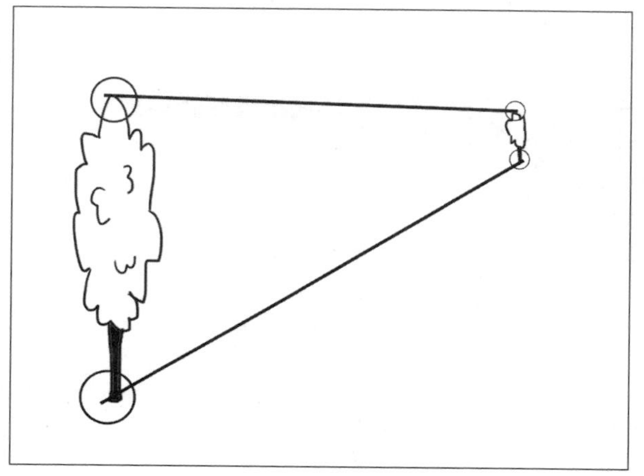

1. 將頭尾高度兩端相連

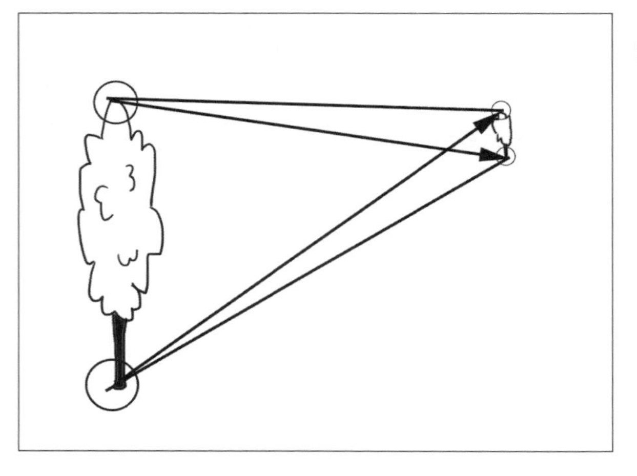

2. 將頭尾交叉連線

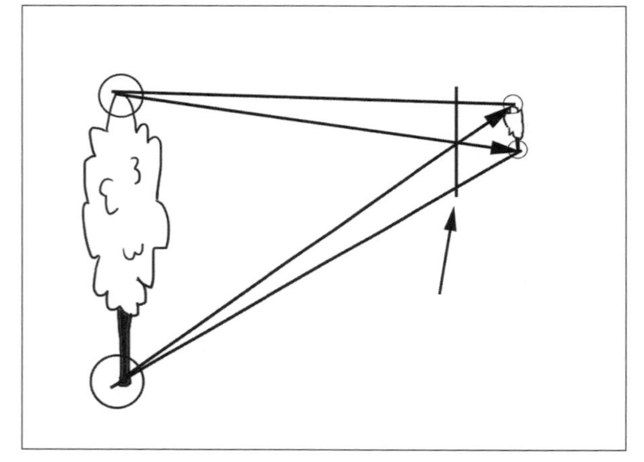

3. 從交叉點垂直畫出直線
取出中間位置

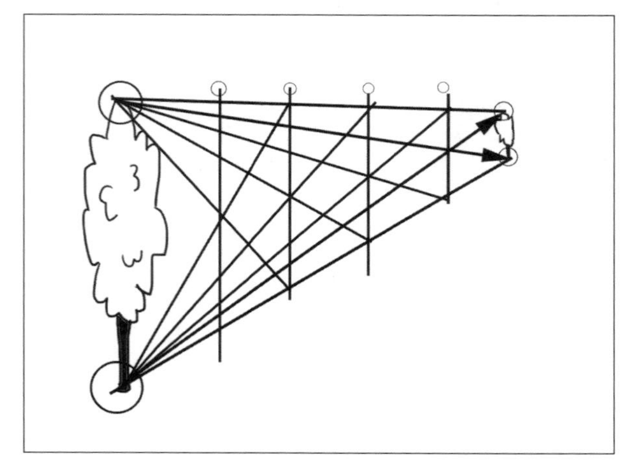

4. 重覆 1-3 的動作就可以
做出等間距效果。

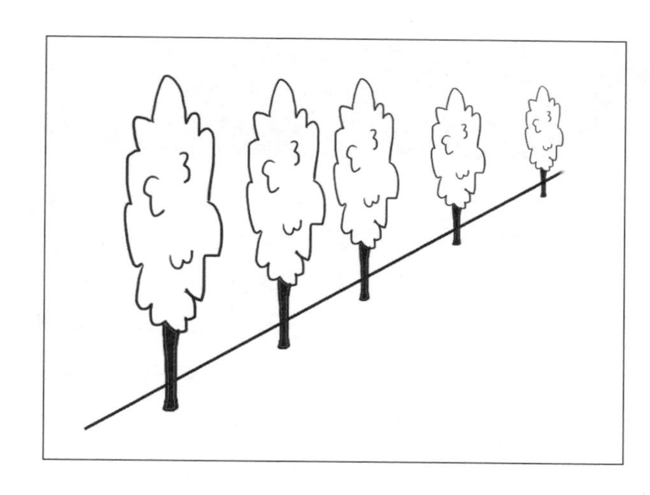

5. 在正確位置上繪製物件

擁有正確的透視觀念，讓畫圖這件事變得更輕鬆愉快，也會大幅提升畫畫的速度。只要決定好圖中的視線高度和消失點，就可開始建構整張圖的視野。即使是單調的風景，只要稍微改變構圖，看起來感覺就會大大地不一樣。大膽的使用透視技法吧，挑戰各式不同的鏡位與角度，許多人類眼睛平常遺漏的，或是相機無法拍攝到的角度，盡量地做嘗試。

練習

一、嘗試用一點透視法，憑記憶畫出自己的房間擺設。

二、用快速透視法畫出自己最喜歡的街景，並仔細畫出細節。

（例如人行道上的磚頭、圍牆圖案、周邊店家 ... 等）

動畫法則

談到動畫，特別是角色動畫(Character Animation)的表演方式，幾乎都會提到由迪士尼的動畫師以長久經驗所累積匯整出來的『動畫法則』。早期動畫技術因牽扯到商業營運，加上當年尚無相關學校或科系教導；許多動畫繪製技巧成了大門不出的商業機密，這些術語僅流轉於老動畫師或動畫桌之間，以口耳相傳的方式教授給下一代動畫師。經過日積月累，由迪士尼元老動畫師Ollie Johnston 與 Frank Thomas彙整出幾條公式法則，特別適用於擅於繪製角色動畫與角色表演上，也是學習動畫者不可不知的武功祕笈。雖然有些法則隨著數位技術進步，必要性減弱，但可看出迪士尼對動畫師表現能力的基本條件。

迪士尼角色動畫十二法則部分如下:

Squash and Stretch 擠壓與伸展

Anticipation 預備動作

Staging 表演與呈現

Straight-ahead vs. Pose-to-pose 連貫動作法與關鍵動作法

Follow-through and Overlapping Action 跟隨與重疊動作

Slow-in and Slow-out 漸快與漸慢

Arcs 弧形動態

Secondary Action 附屬動作

Timing 時間控制

Exaggeration 誇張

Solid drawing 純熟的手繪技巧

Appeal 角色魅力

Squash and Stretch 擠壓與伸展

　　把這項動畫原理擺在第一項，可見其重要性。它指的是動畫中任何角色或物件，做出像是拉扯與碰撞...等施力動作時，做出的稍微誇張的壓縮與伸展的表現，以達到動作上的張力與效果，例如一槌下去，人被的打扁扁地，卻又可以如橡皮一樣拉長；雖然違反了真實的物理定律，但觀眾會喜歡在動畫影片中看到這種誇大的表現形式。

X 表演不夠強烈

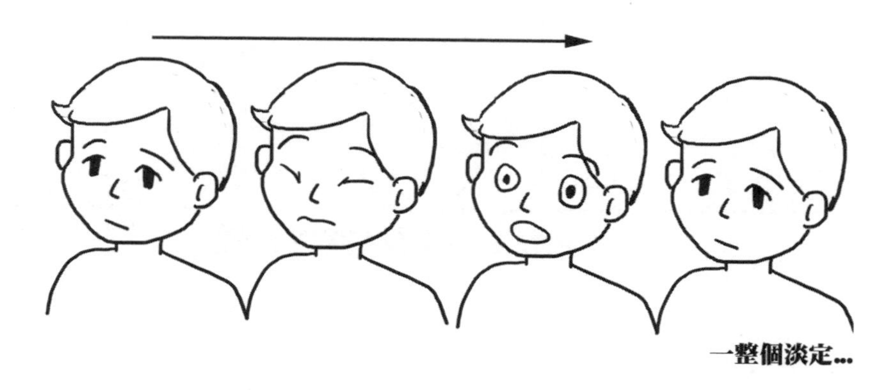

一整個淡定...

O 讓畫面動起來!

Squash and Stretch 擠壓與伸展

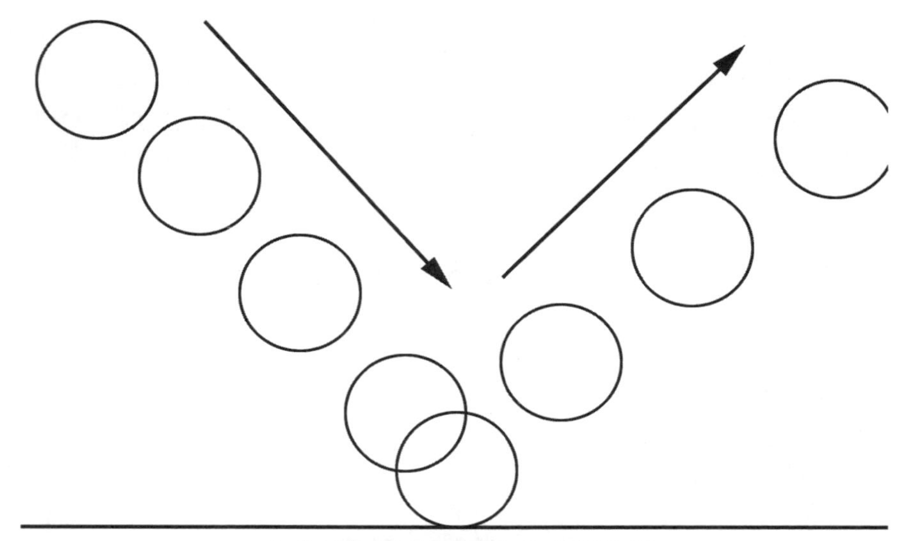

X 無法表現出其物理特性

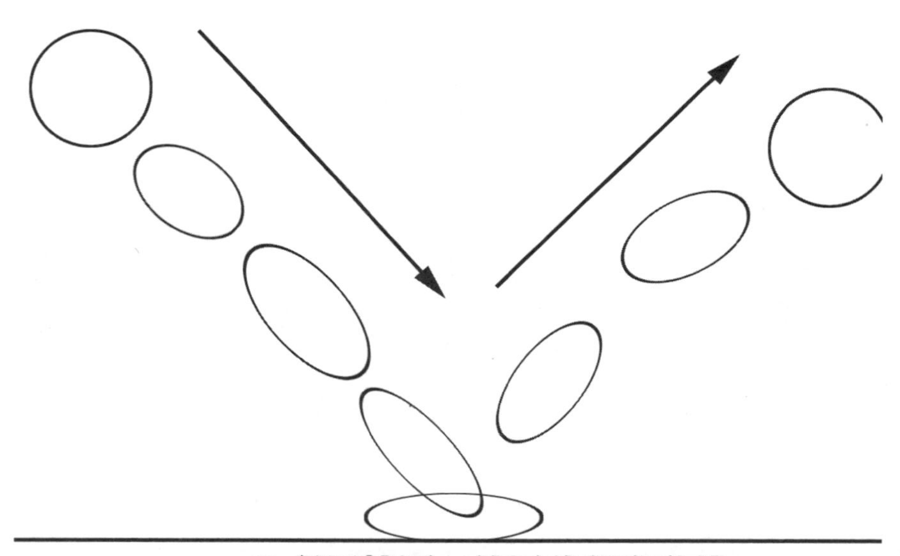

O 利用擠壓、伸展強調出動態

Squash and Stretch 擠壓與伸展-教學範例

Anticipation預備動作

在角色開始動作前，加入一個相反的動作；可以加強原先動作的張力，凝聚動力，並且讓觀眾得以藉此能夠預期角色的動態意象。最經典的動作就是卡通人物在準備開跑時，會先將肢體向後抬，轉個幾圈後再向前衝去。

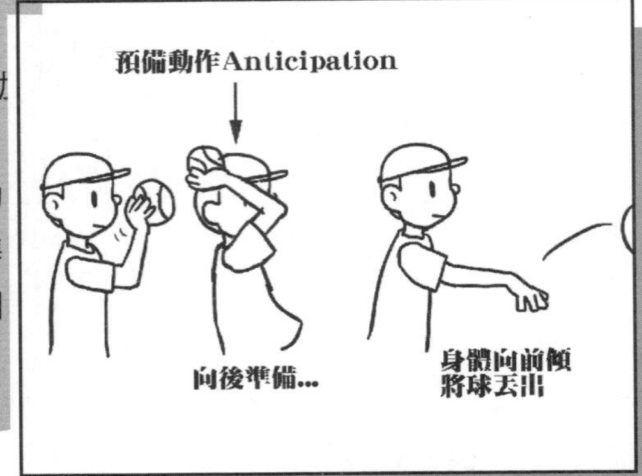

✕ 沒有預備動作，僅是單純的揮動

O 加入預備動作，更能顯示力道與動態

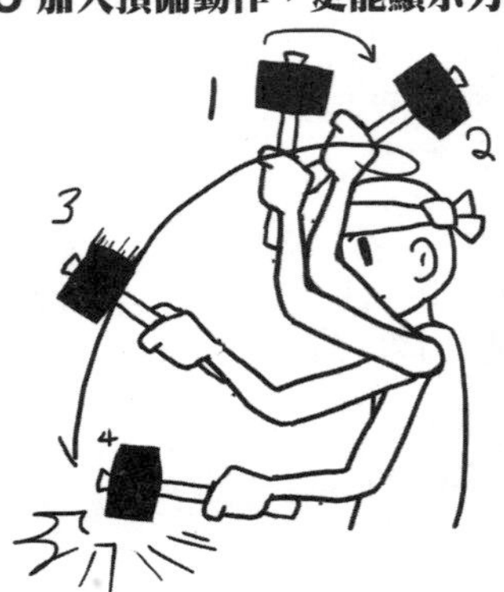

Anticipation預備動作 -教學範例

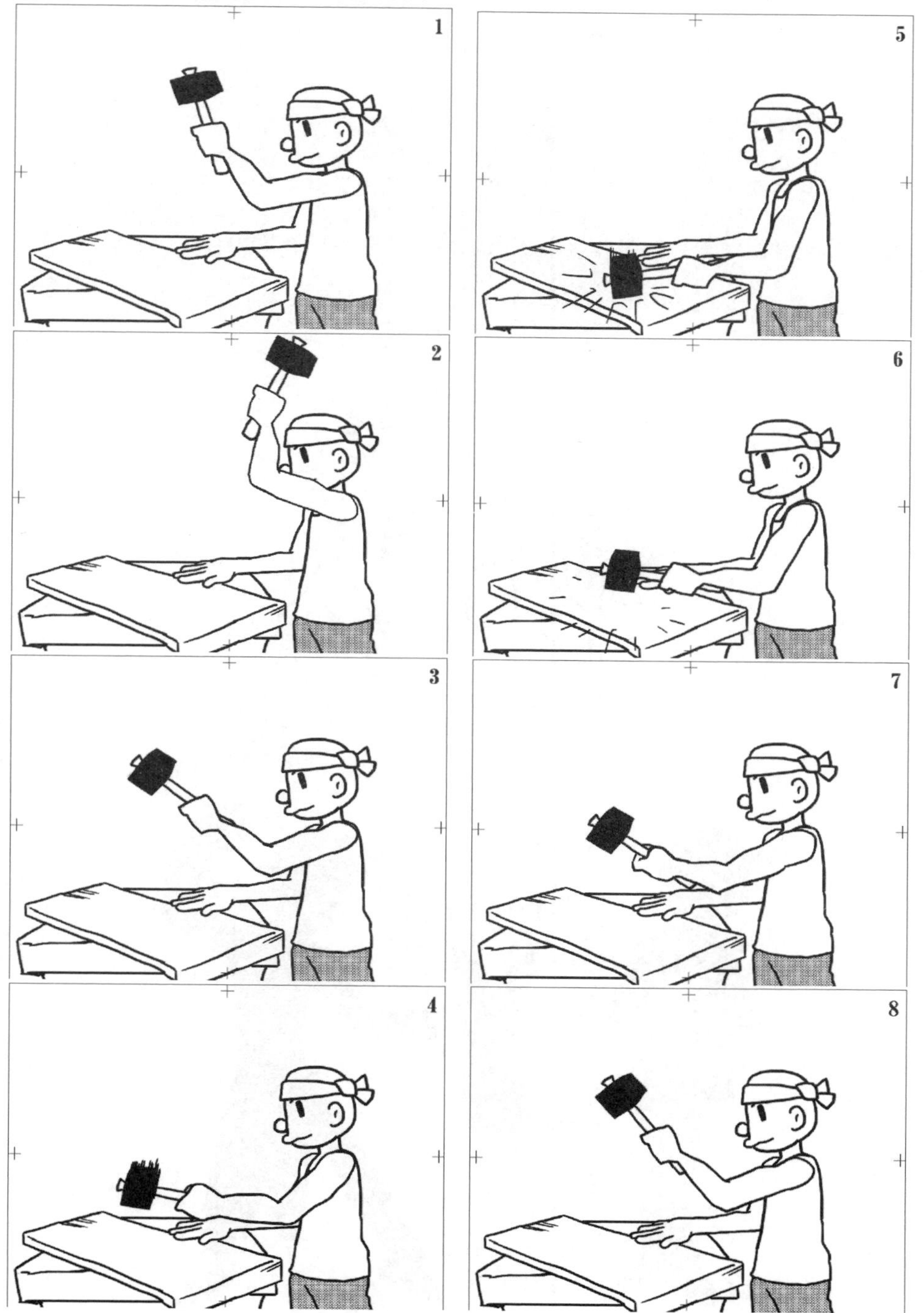

第3章

Staging表演及呈現

按照迪士尼老動畫家們的經驗，通常習慣會在作畫前，要對真實的角色對象進行臨摹與素描；如此才能夠熟悉所畫的角色的外型與動作。例如要以魔術師當主角，就要觀察魔術師表演過程、如何擺動手勢...等。將真實人物觀察後在進行藝術誇張，把動態中，對角色形象塑造有幫助的要素放大；並刪減掉無意義或累贅的動作，畫出最關鍵最代表性的特點動作。

情侶吵架?
罰站?
陌生人?

STEP1
強化角色造型
性別?
年齡?
職業?
⋮
等

STEP2
加入戲劇張力
動作
姿勢
表情
⋮
等

Follow-through and Overlapping Action
跟隨動作及重疊動作

”沒有任何動作會突然之間完全停止，物體的運動是一個部分接著一個部分的”，上述為華特迪士尼當初對於運動物體的詮釋。之後動畫師稱這樣的理論為：跟隨動作與重疊動作。在移動中的物體與其他部位不會全部黏在一起。

牽一髮而動全身；當角色在動作時，身上的衣服、毛髮、或是尾巴...等末端部位，並非生硬的附屬在主動角色上，而是隨著下一步力量被拉著連動。

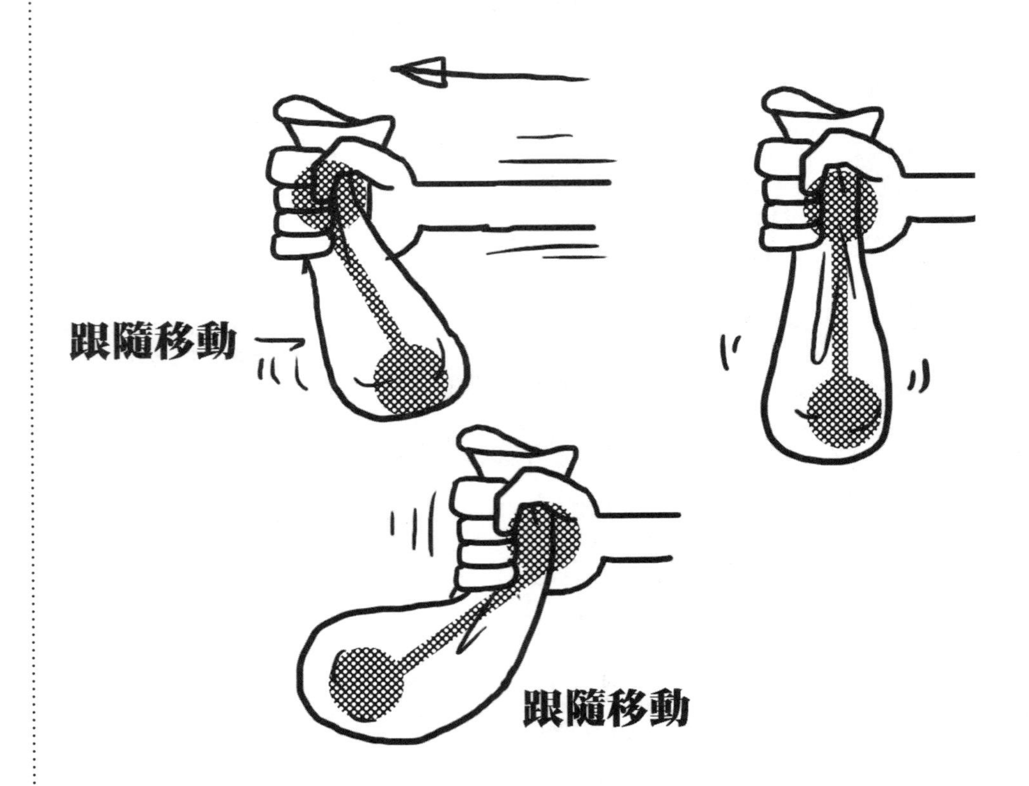

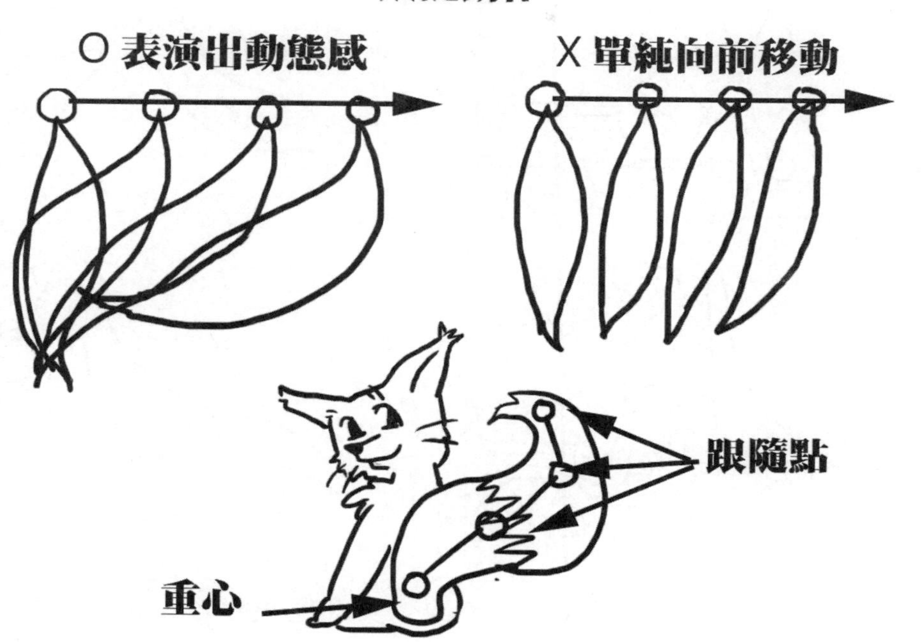
跟隨動作
○ 表演出動態感
X 單純向前移動
跟隨點
重心

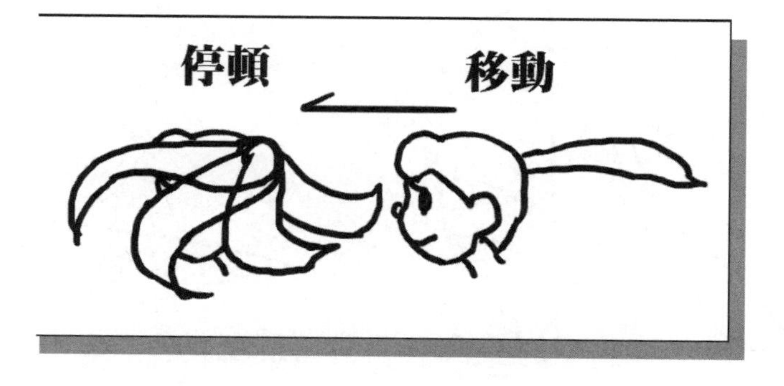
停頓
移動

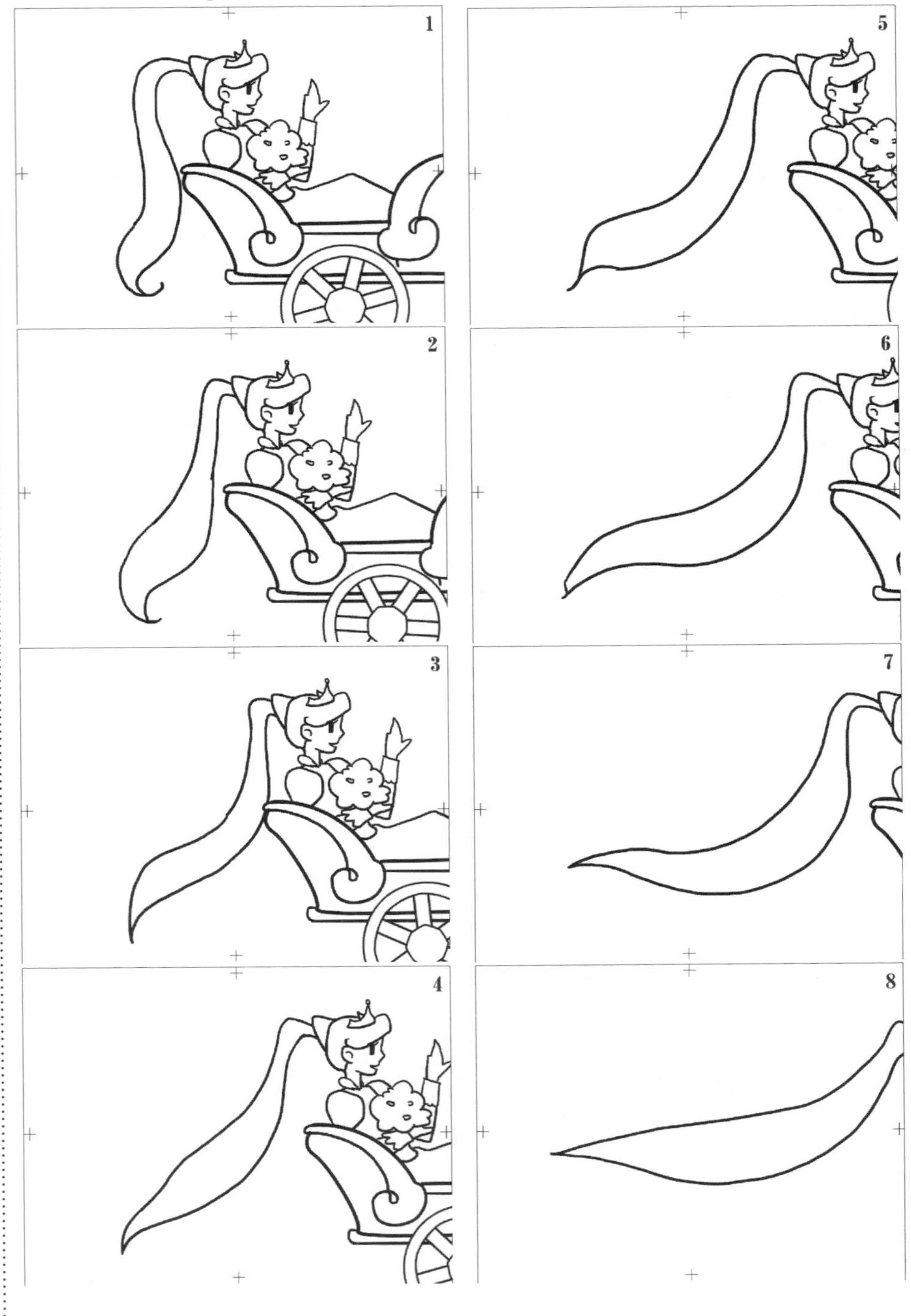
1
2
3
4
5
6
7
8

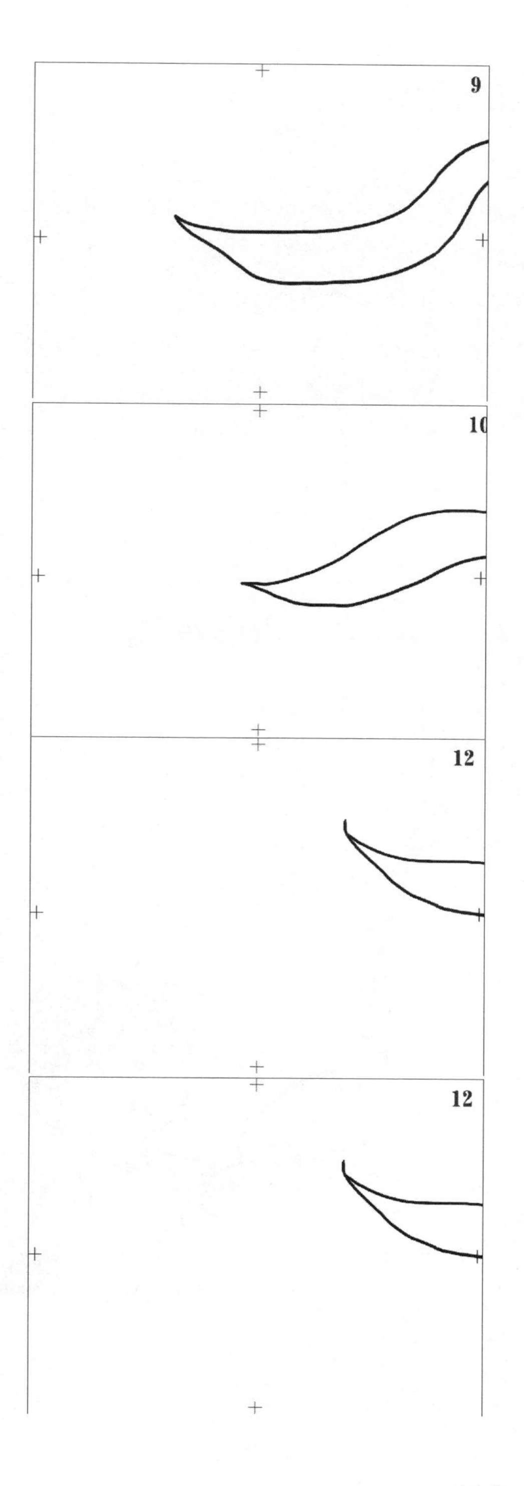
9
10
12
12

Slow-in and Slow-out 漸快與漸慢

將動作的開始和結束放慢，另外加快動作中間部分的速度，讓角色動態看起來更加滑順與自然。不管是生物或單純物件的移動過程，將動作分解觀察後會發現並非全是等速度運動，通常是呈現如拋物線或加減速度進行。
尤其針對從完全靜止的狀態，從靜態開始有緩慢的動作，到核心動作速度會變快或接近正常，而到動作結束之前，速度亦會逐漸減緩，再慢慢地停下。

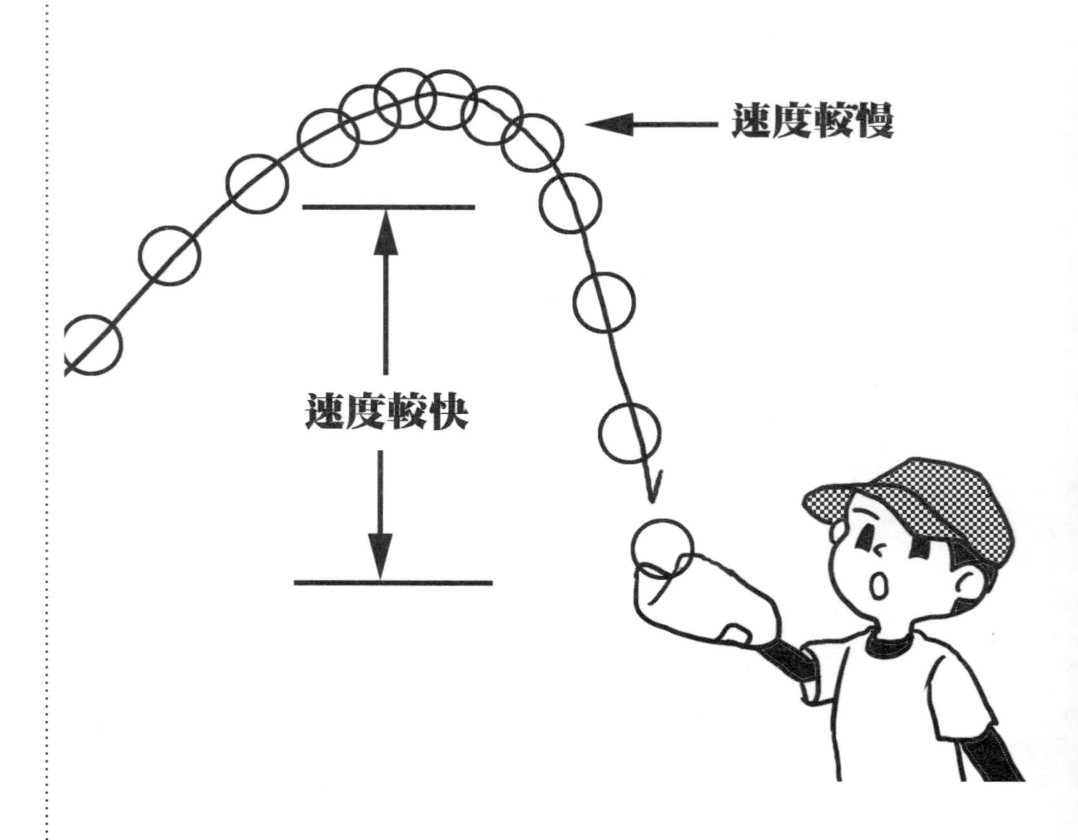

平地

下坡

等距離移動=相同速度移動

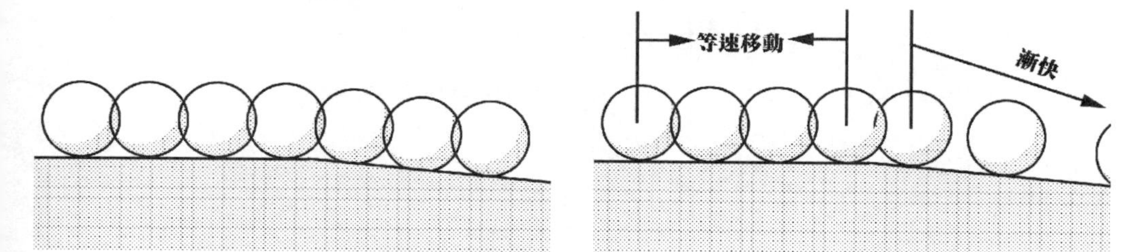

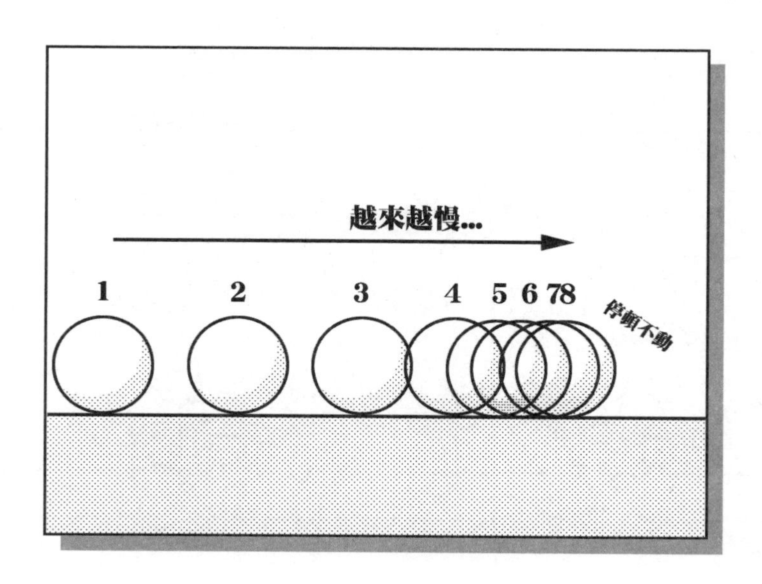

Slow-in and Slow-out漸快與漸慢-教學範例

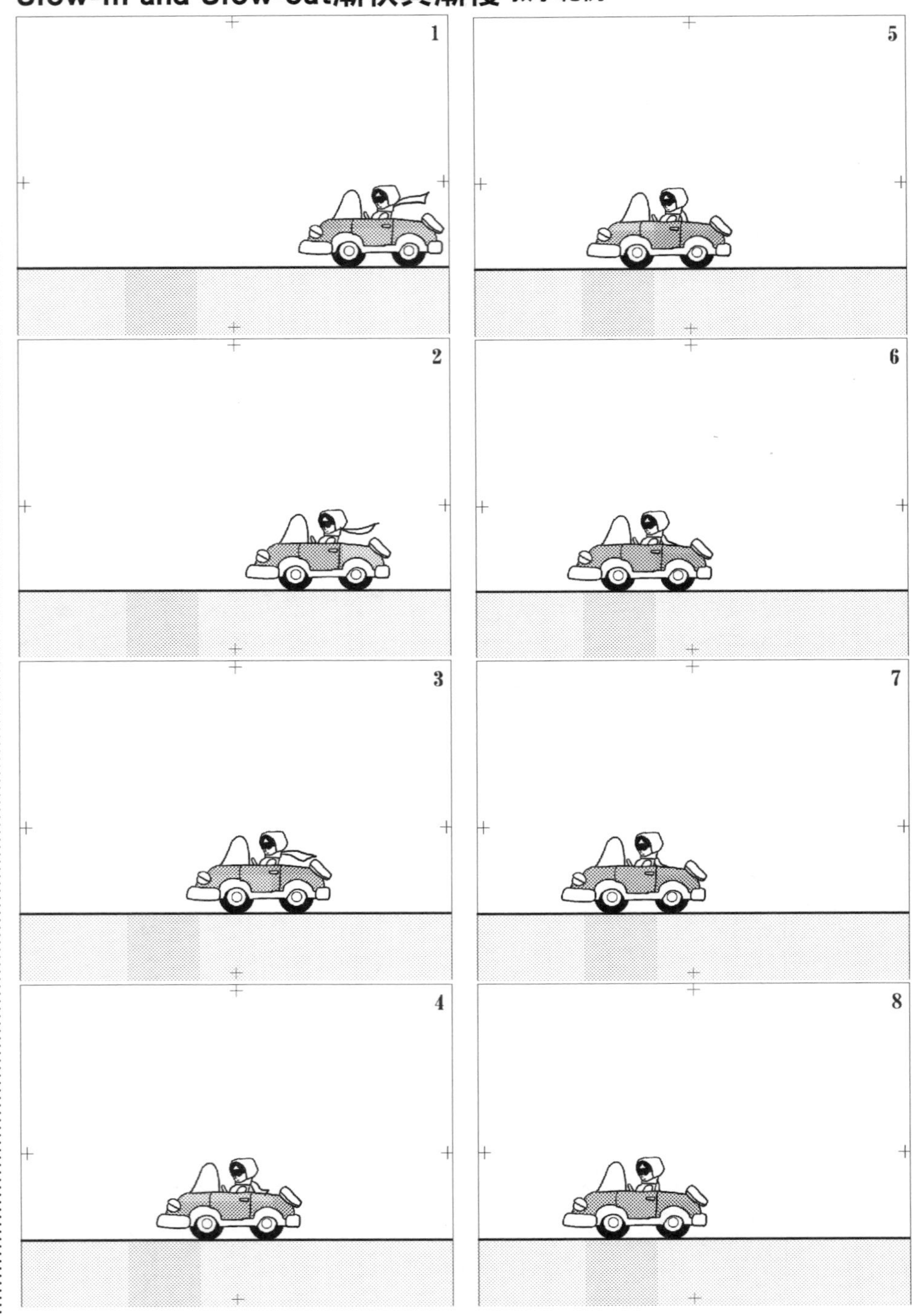

Arcs 弧形動態

動畫中不管是人類或動物，任何生物角色之運動軌跡都應為平滑之圓弧曲線。在描繪中間影格，也就是原畫與原畫中間的動畫時，要注意上下主要動向，應以圓滑的曲線在進行動作，絕非銳利的直曲線，避免不自然的動態。讓角色的動作沿著圓弧動線來進行，不要走完全的直線。相反地，如果要強調僵硬的機械性動作，則是使用直線來作為動線參考。藉由曲線與直線的差異，傳達不同的角色特性。

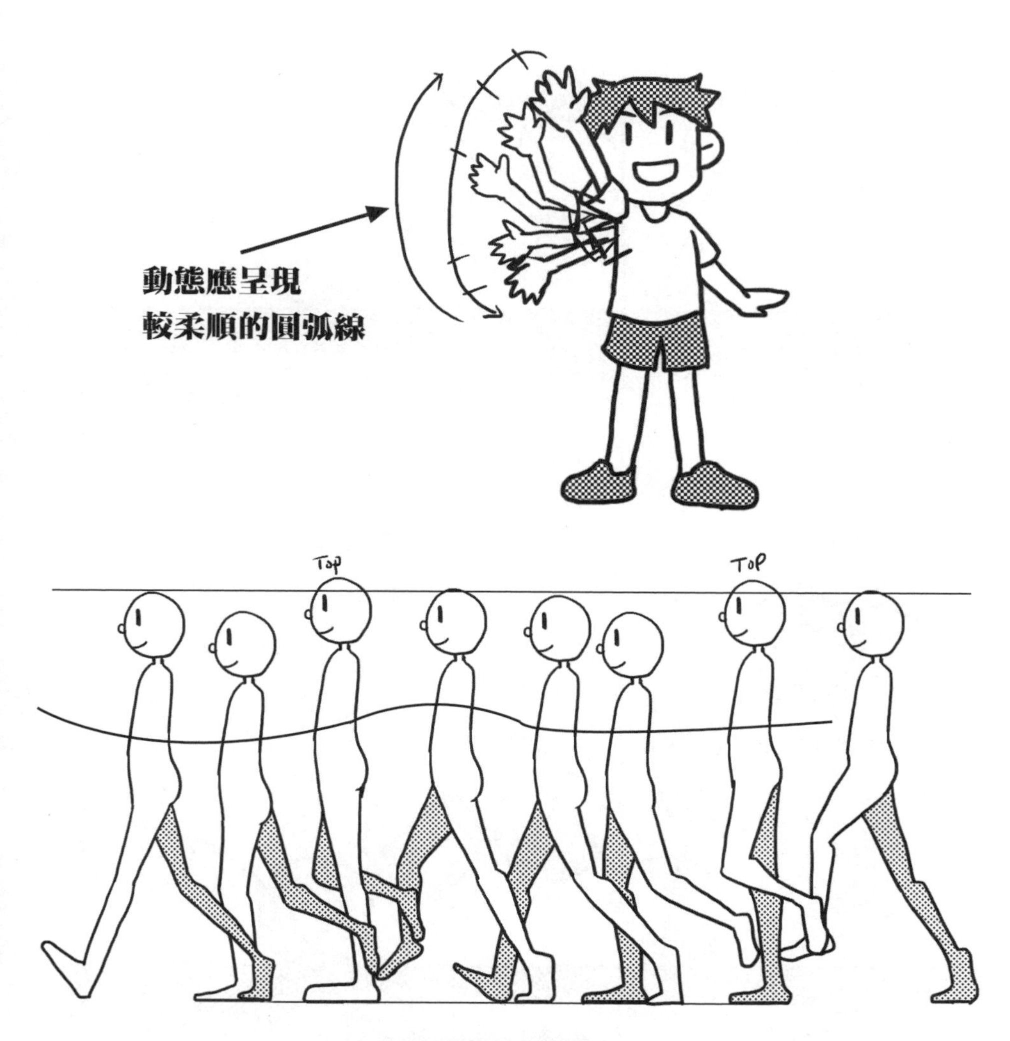

整體動態呈現圓弧線

Arcs弧形動態

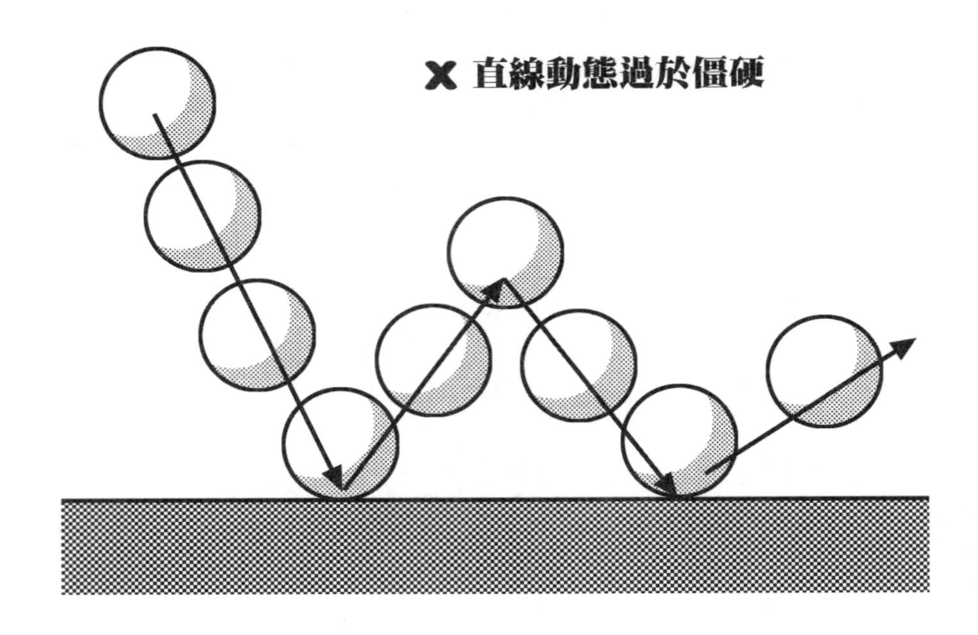

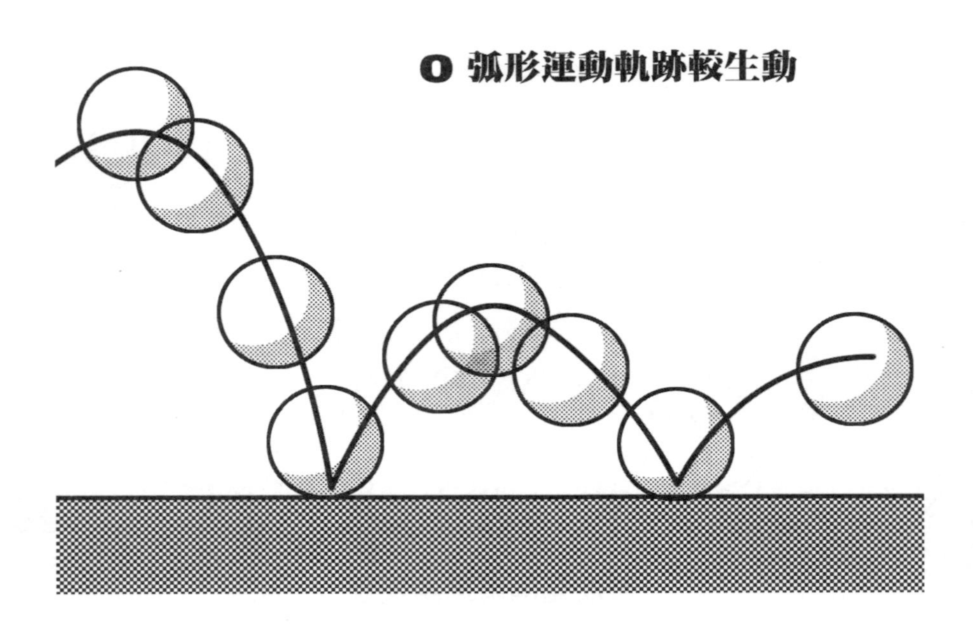

Arcs弧形動態-教學範例

第二動作 Secondary Action

也稱作輔助動作，意思是用其他幅度比較小的動態，來強化角色的主要動作。在主體動起來時加上第二動作，能使動態更為寫實、更突出。但必要前提是第二動作只是為了配突顯主角的綠葉，不能過於明顯或劇烈，甚至影響主要動作的注目度。

例如一個人走在路上，看不出他的輕快步伐，我們就可以加入手部擺動的動作或是小跳步來加強其愉悅的感覺。第二動作通常不會被注意到，但使用得當的話，能得到畫龍點睛極佳效果。到底什麼才是最棒的第二動作?這沒有標準答案，唯一方式只有透過經驗累積、對事物的觀察，多看、多想、多畫才能找出屬於自己的表演風格。

單純的向前走路

加上第二動作
(小跳步)
表現角色心境

X無法表現出角色動態

O手勢突顯講話的內容

單純的轉頭，加上鬍子、眼神...等第二動作強調轉動

Secondary Action附屬動作-教學範例(轉動)

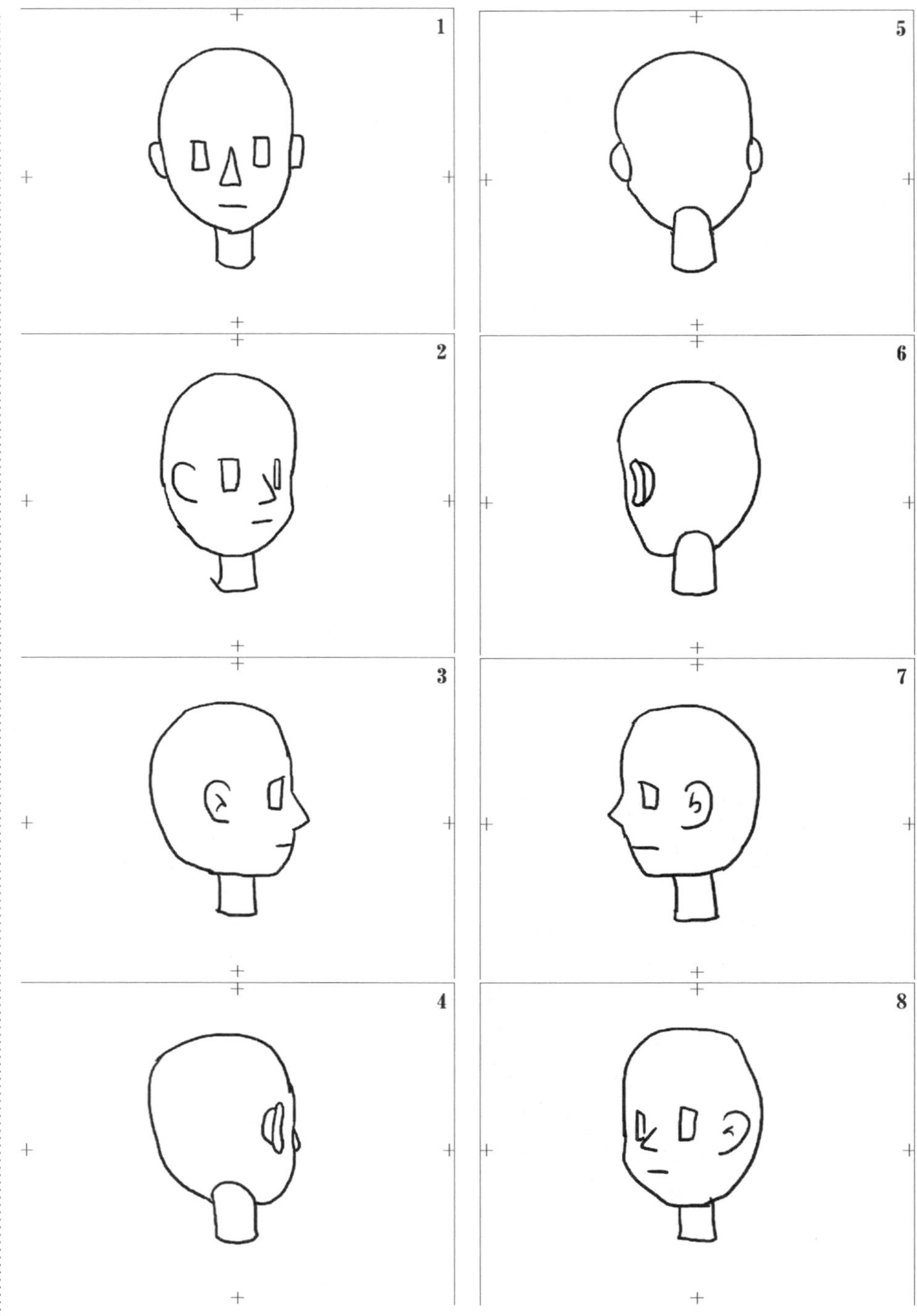

Secondary Action附屬動作-教學範例(轉半圈+鬍子)

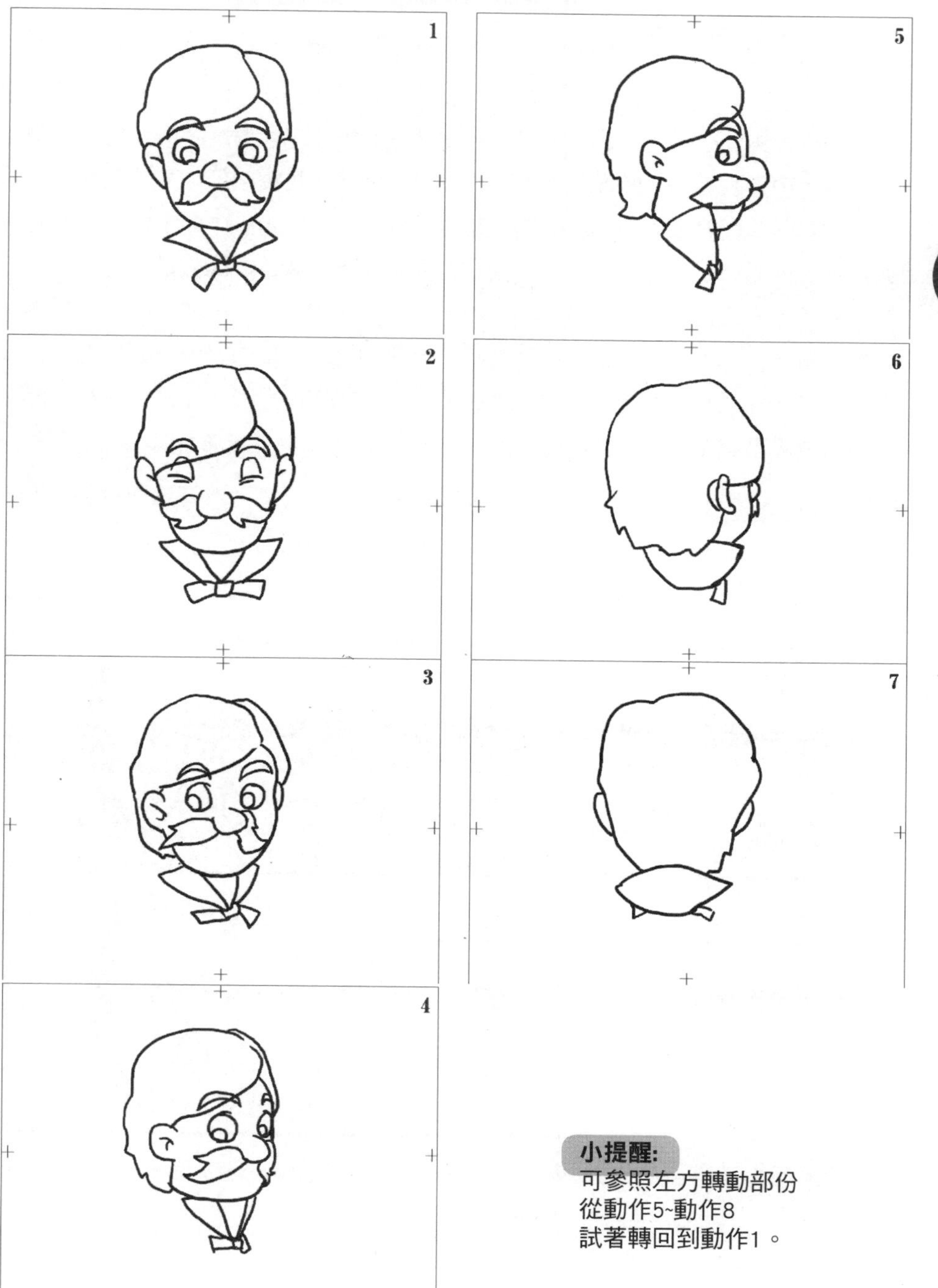

小提醒:
可參照左方轉動部份
從動作5~動作8
試著轉回到動作1。

Timing時間控制

時間控制，聽起來像是超能力名稱，但這項是動畫原理中最基本的知識。時間掌握與運動是動畫裡最基本的部份，而讓角色動起來最重要的則是時間節奏。除了依照動作種類不同，動作時間長短也不一，配合Timing作畫才能發揮最大的功效。控制時間節奏是動畫表演相當重要的一環，過長時間或過短時間的動態皆會讓動畫真實性與可信度大打折扣。如果角色的動作速度和一般習慣的視覺經驗有出入，例如彈跳過慢的球，飄動過快的髮絲...等，都會讓觀眾眼花撩亂。Timing與繪畫技術沒有太大的關係，不管是3D電腦動畫、手繪動畫或偶動畫中皆屬最基礎也是最重要的觀念。

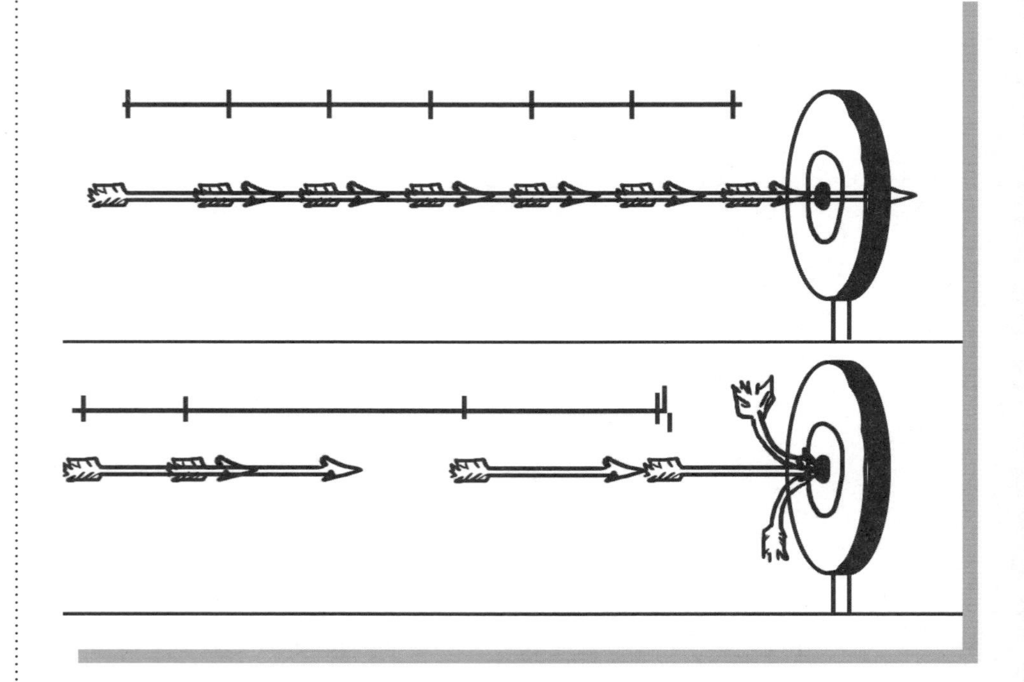

Timing時間控制-教學範例

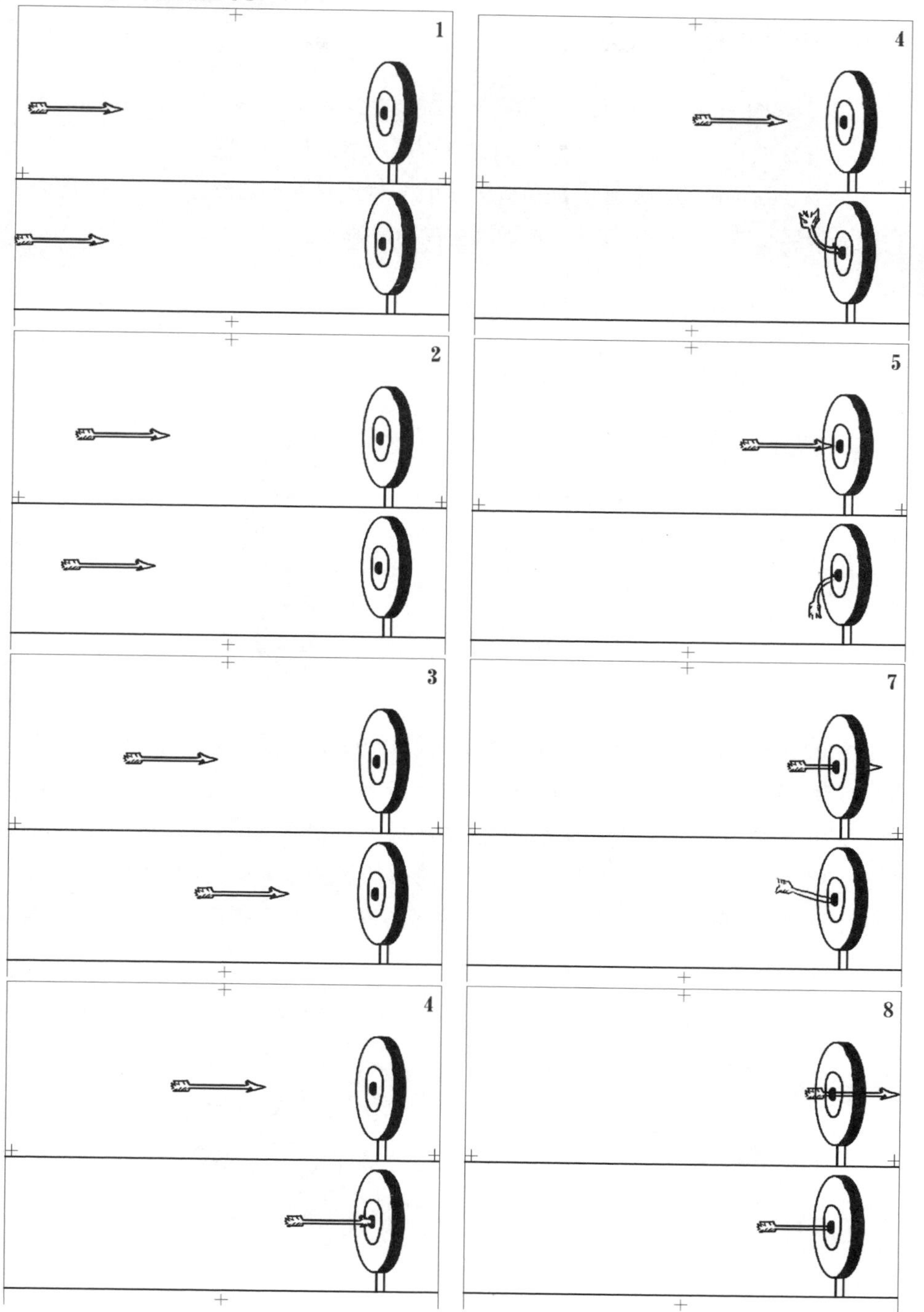

第3章

Exaggeration誇張

動畫表演本身就是誇張的一門藝術。動畫中角色的每個情感表演與動作，相較起真實世界，都要更加的強化演出其戲劇效果。舉例，劇本中描寫角色吃了一驚。在動畫演出時不能只是單純的張大嘴發出啊的一聲就結束；必須將內在情緒誇張化表現在臉部表情、肢體語言甚至是聲音上。

如此一來觀眾在觀看的時候才更能進入劇情感同身受；否則是像在隔岸觀火，無法與感受劇情。誇張的表現形式並不拘限，可以利用變形、拉扯、破碎原本造形來做外表的誇張，或是以動畫做出原本不會表現出來的內心情緒，例如做決定前，頭上會冒出具象想法...等。誇張的意義並非單純加大動作幅度而已，而是為了加強特定動作，經過多方思考的決定，挑選最適合角色的誇張表演方式。

Exaggeration誇張-教學範例

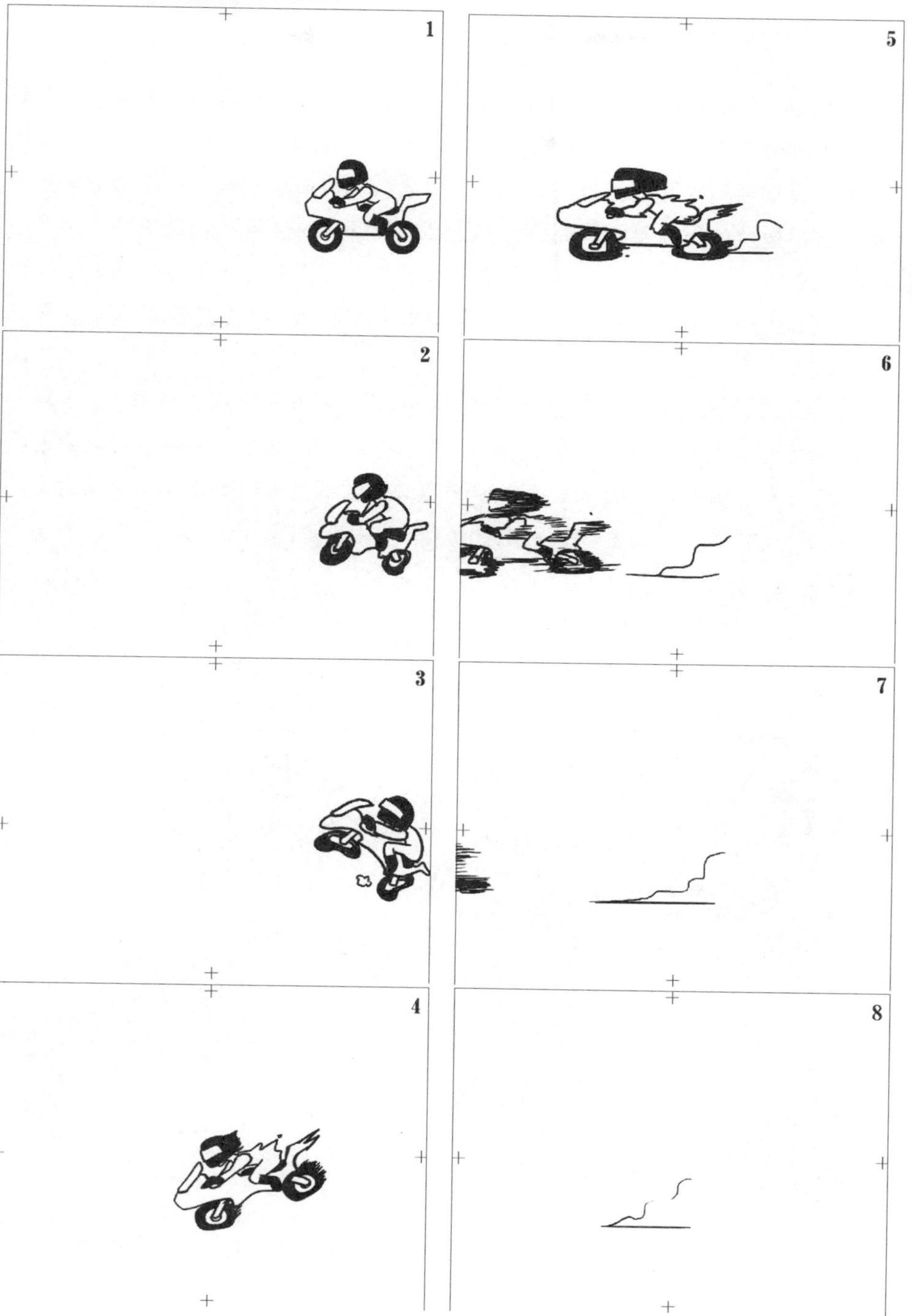

Solid drawing純熟的手繪技巧

過去各種動畫角色、場景道具、風格美術設定...等，全仰賴一支畫筆從零到有慢慢繪製；至今這些當年從片廠動畫或角色動畫起家的迪士尼或皮克斯公司，都還是相當重視基礎繪圖部分，在專門培育動畫新秀的學校裡亦強調手繪。但其實最重要的是正確的藝術觀念與繪圖風格建立，透過傳統繪畫的訓練過程來達到最完整的創作觀念。近年來電腦技術的進步與各種繪畫軟體興盛，純手繪的傳統動畫電影也變得較為少見，但這並非意味著傳統動畫師的凋零，而是再次確立了動畫觀念的正確性。

純熟的手繪技巧在當時是成為動畫師的第一要件，只要你很能畫，就算不了解動畫製作過程或觀念，都有機會進到動畫公司工作。近年電腦技術突飛猛進，許多對動畫有興趣的人皆能以自學方式接觸動畫，就算是完全不熟繪畫技巧的人亦能透過軟體創作出很棒的動畫作品；因此動畫法則也跟原先的有些不一樣了。

Appeal角色魅力

最後一項動畫法則是角色魅力。當在設計動畫角色時，要針對角色特性，設計出誇張的外貌造型或獨特動作習慣、或說話方式...等。讓觀眾能一眼就看出角色個性，藉以提高角色印象。壞人就要設計的一臉兇惡，較稚氣的角色隨時隨地手上抱著洋娃娃...等。

角色設定時，要考慮他的個性。急躁還是穩重?喜歡什麼?最常做的動作又是哪些?

服裝與小道具都是構成角色重要的一環，仔細做出篩選才能設計出吸引人的動畫角色。

彈跳球

如同學習書法必需熟悉永字八法的運筆技法般，彈跳球被稱為動畫師的基礎；因為它綜合了幾乎所有動畫原理與動態，擠壓與伸展變形，預備動作、時間控制...等。也是所有動畫教學中一定會使用到的範例。

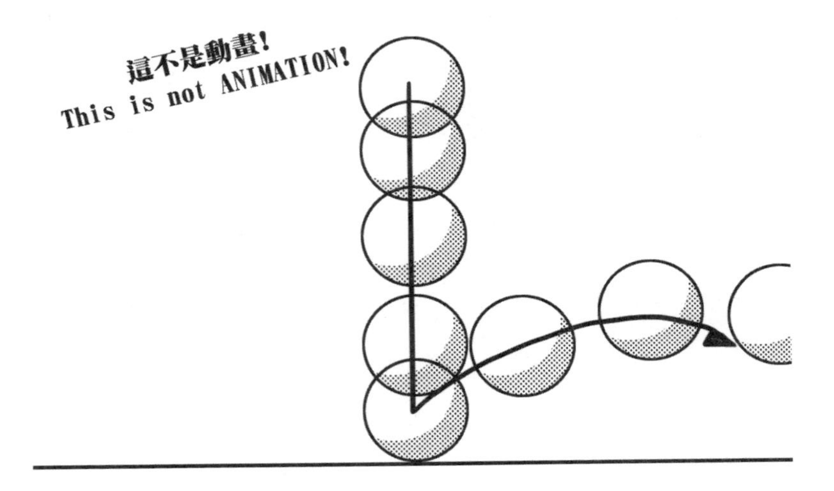

如果你以為把物體做位移就可稱動畫，那就大錯特錯了。動畫包含動態的表演，力量的轉移，物體的變形...等；每個動畫師畫出來的彈跳球動態與張數都不太一樣，並沒有統一的規範。畫出自己的彈跳球，也是給未來動畫師的第一道題目。

彈跳球-教學範例

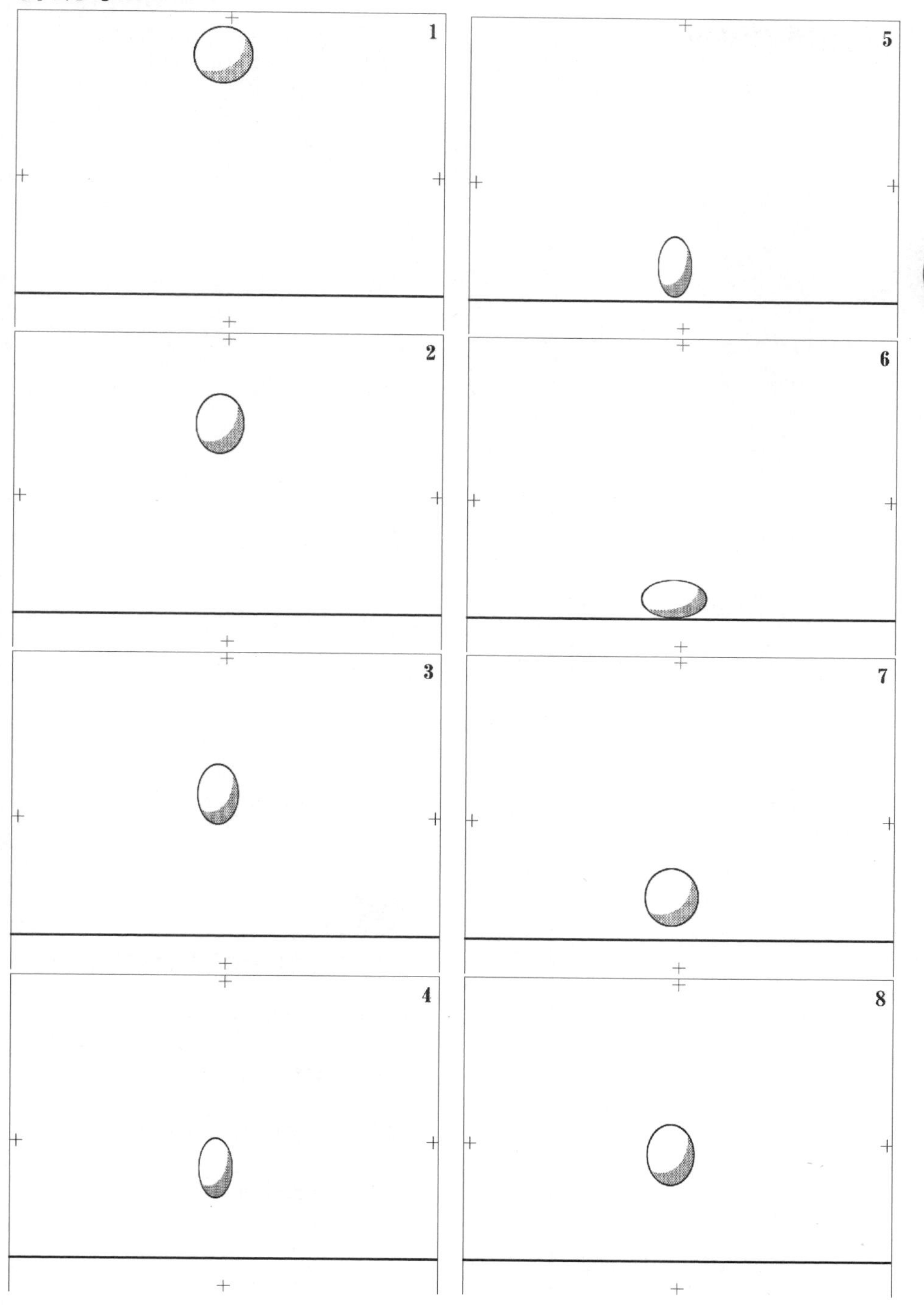

彈跳球-教學範例

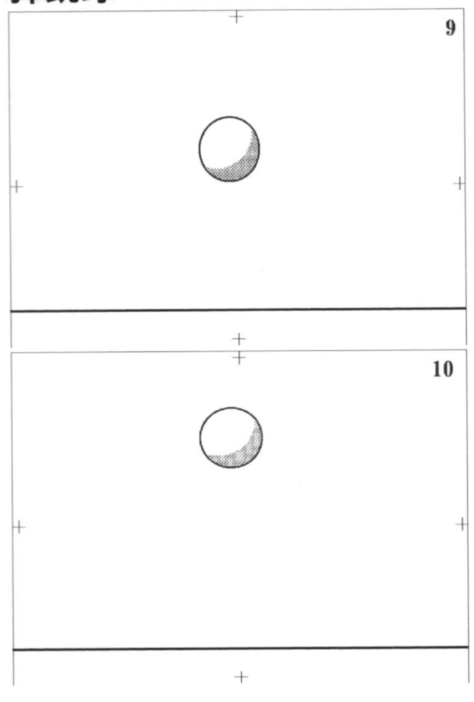

小提醒:

彈跳球動作10可接回到動作1，成為循環動畫。在作畫以前建議先試劃一張動態草圖，等到實際做畫時就比較不會忘記動線而有些混亂了。

質感與重量

在真實物理原理中，假設將同重量的物品在真空狀況拋下，那麼落體速度應該是相同的。但在動畫中為了要強調不同的質感以及重力的影響，通常會稍加誇大描寫落體的細微變化。例如較重的材質掉落速度就會較快，而較輕的材質反而會受到空氣阻擾慢慢地降落；有彈性的物體撞到地面時，力道會將之變形，並往反向施力將力量繼續運作，造成繼續彈跳的動作。伸縮力較差的物體，則會因掉落地面或撞擊後碎裂。將每種物體的質感與碰撞後結果、細節思考後表現在動畫裡，便是此章節的表達重點。

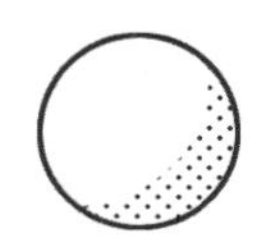

橡皮球
材質表現特性

圓滑、形狀固定
有良好彈性與伸展性
會隨著力道變形
無施力狀態時保持圓形

金屬球
材質表現特性

形狀固定
不具彈性
撞擊地面後
不會有太大變化

泡泡
材質表現特性

接近圓形的不規則形狀
會隨著空氣改變
動態不定
會碎裂

重量與質感-教學範例

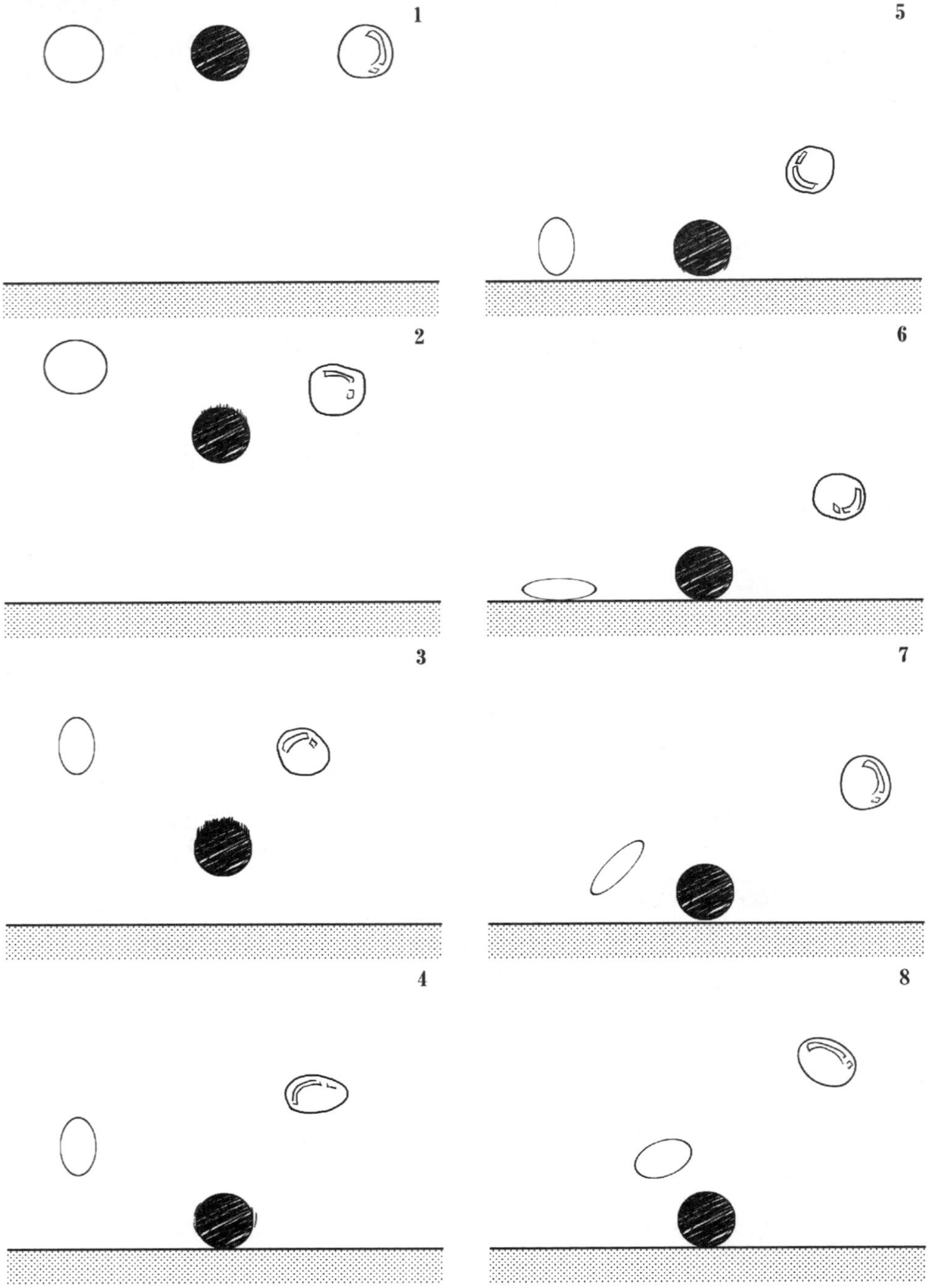

1

5

2

6

3

7

4

8

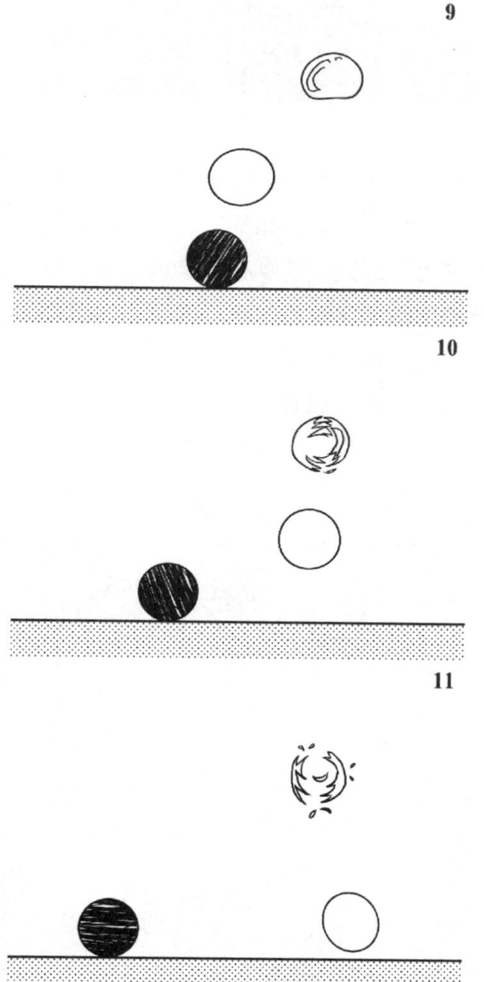

12

13

小提醒:

注意不同物品的材質表現，並且將動畫法則中的時間控制Timing運用在動態裡面。

走路、跑步與跳躍

老牌動畫師肯哈里斯曾經說過:「走路為動畫師要學習的第一門課，每種不同的步法都要嘗試；走路是動畫裡最基礎、卻也最常出錯的動作。」看似簡單的走路甚至是後面的跑步與跳躍動作，其實不單只是雙腳在踏步而已；人在走路時上半身體會微微傾斜，當腳掌離地向前時，手臂會自然地向反方向揮動以保持平衡；當一腳踏到地板時，另外一腳已準備好向前抬伸。在日常生活中自然在不過的動作，其實蘊含了相當細膩的力學與人體動作。

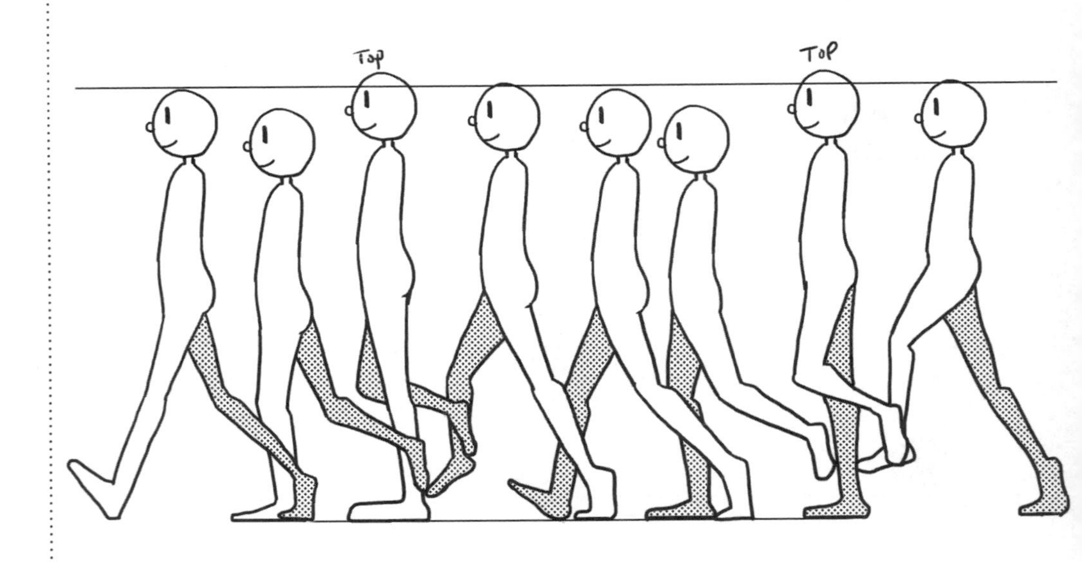

走路時沒有人身體重心是完全平移的；將走路動作拆解成幾個部份來講解。首先就是身體位置的上下移動；當腳步向前踏出時，因為力量將身體帶向前，這時高度會比較低些；而踏在地板時，力量剛好是圓弧線的頂點，因此身體會有些許拉長的感覺。

通常會以下圖作為走路開始動作。好處是能夠與最後一個動作相銜接，成為重複循環動畫。

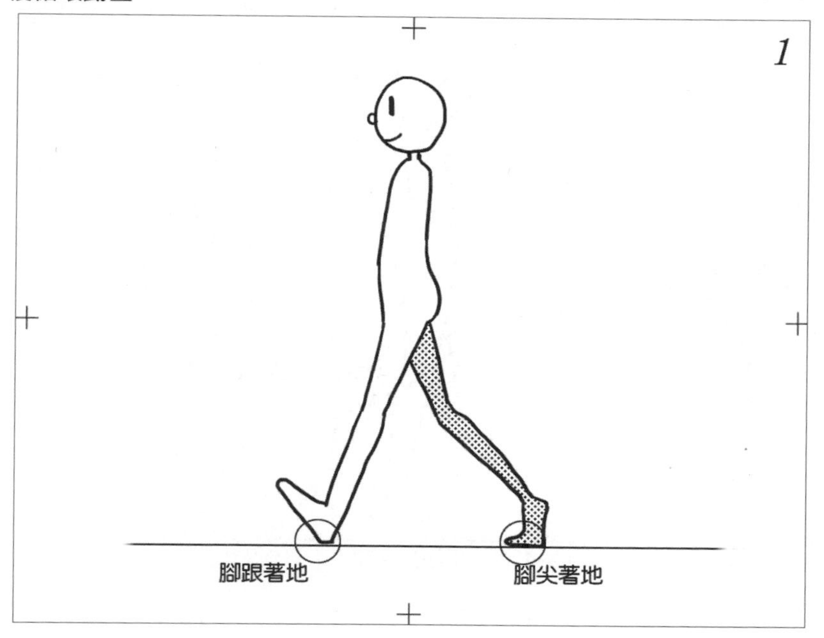

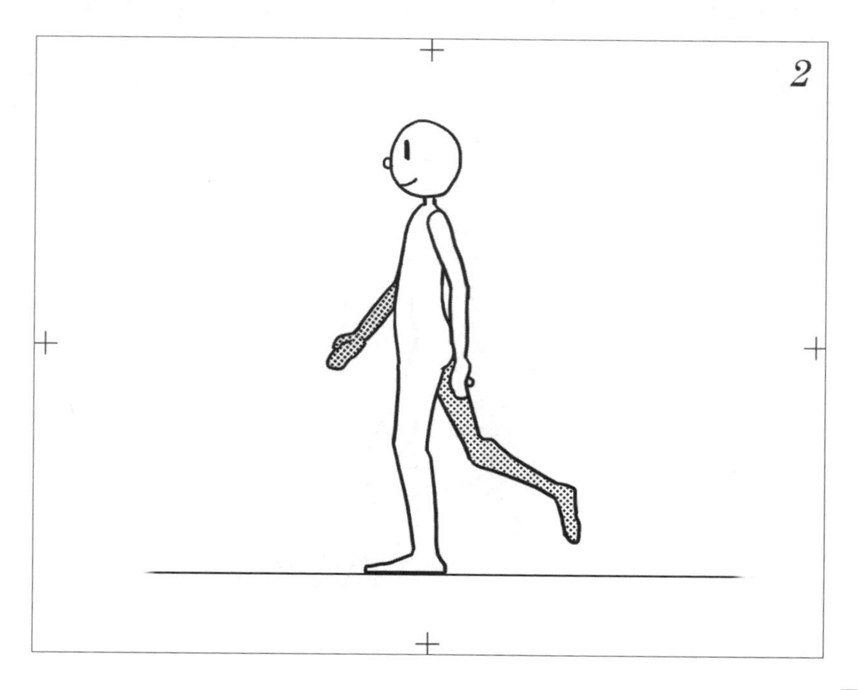

在剛開始拆解走路動作時，不妨先把手臂藏起來；因為手部其實是較單純的鐘擺動作，只要朝著腳步的反方向運動即可。

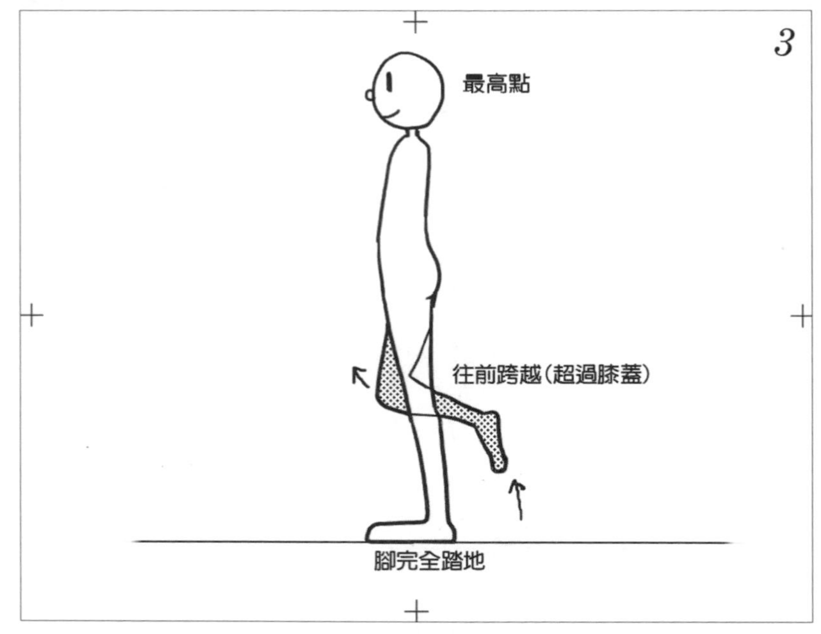

身體位移最高點，若此時大膽地嘗試將身體或手腳拉長，就會有不同的感覺。

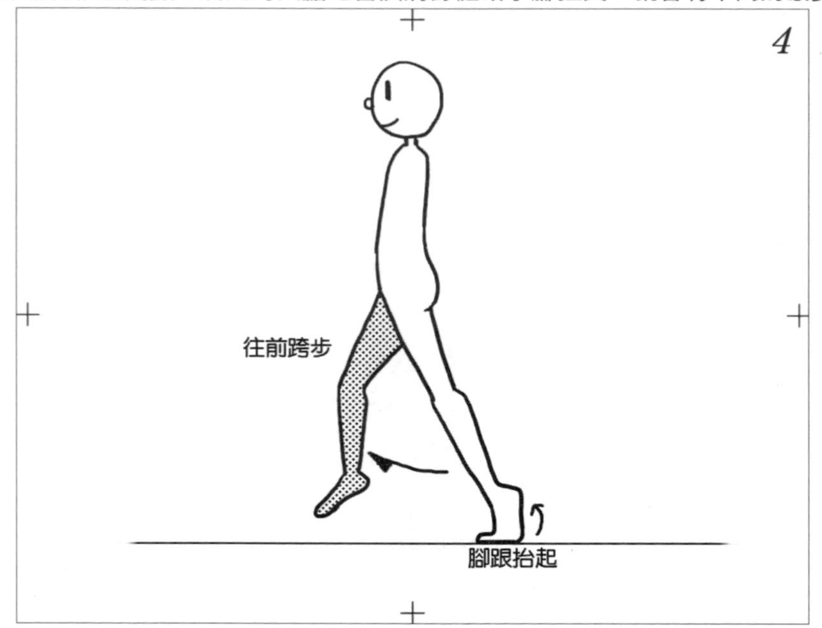

第3章

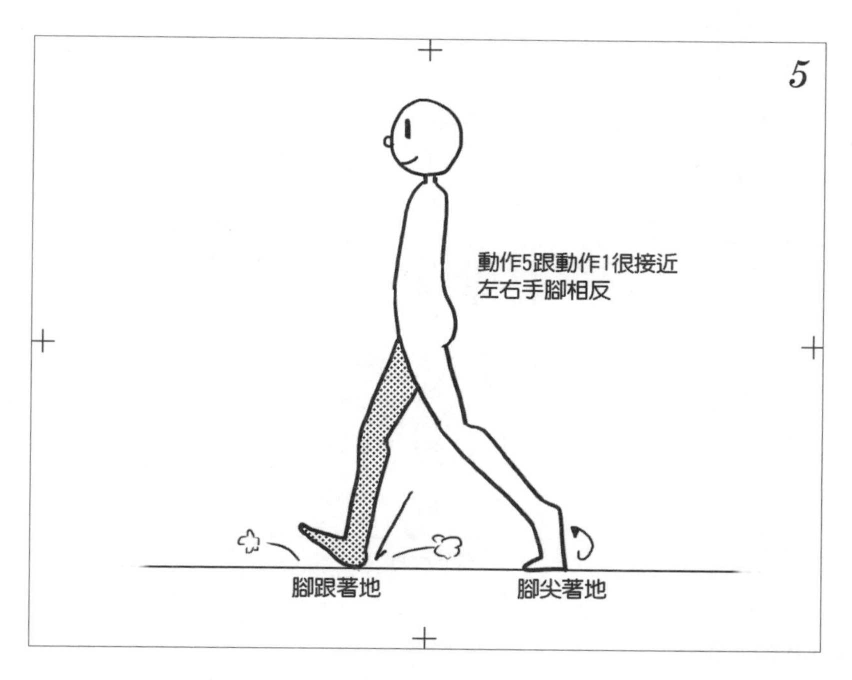
5
動作5跟動作1很接近
左右手腳相反
腳跟著地
腳尖著地

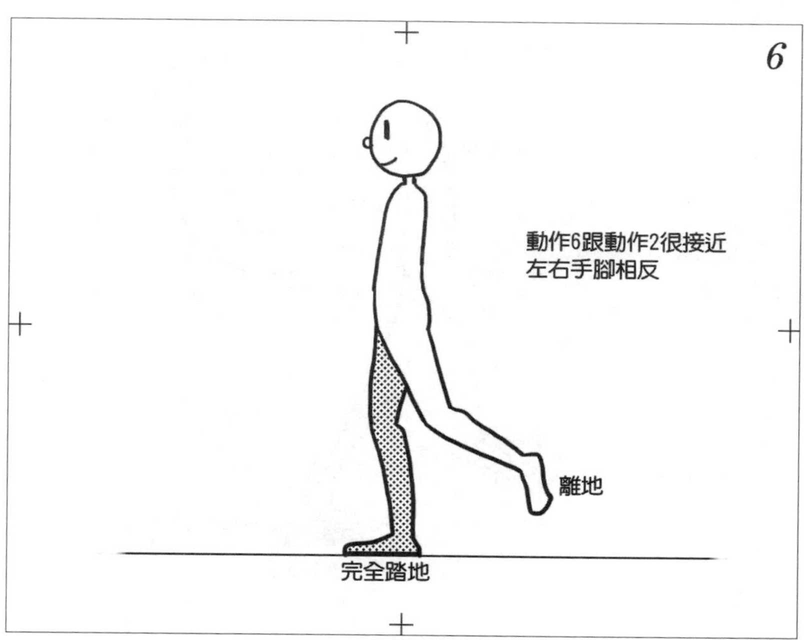
6
動作6跟動作2很接近
左右手腳相反
離地
完全踏地

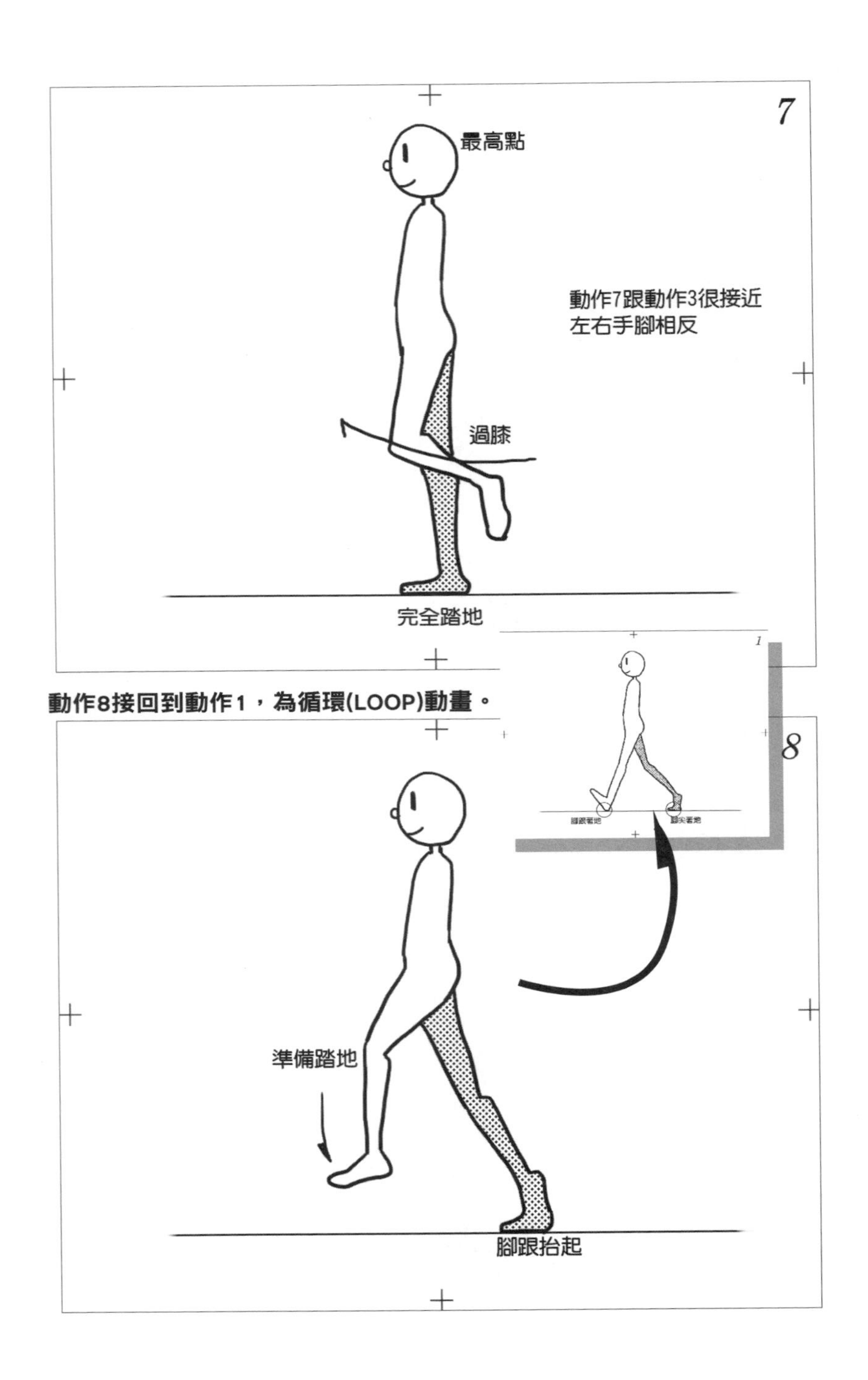
7
最高點
動作7跟動作3很接近
左右手腳相反
過膝
完全踏地
動作8接回到動作1，為循環(LOOP)動畫。
1
8
準備踏地
腳跟抬起

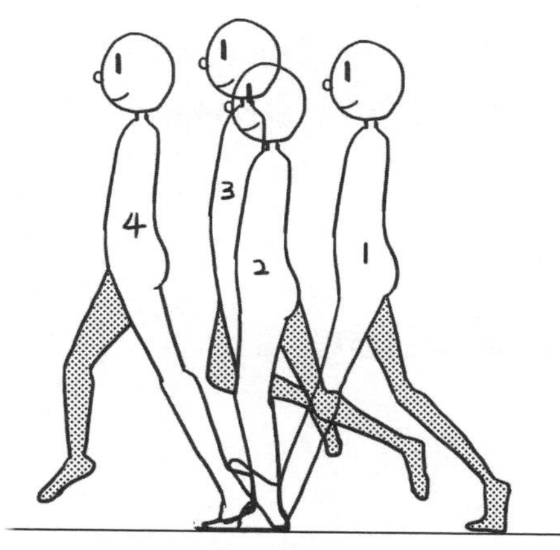

完整地踏出一步

在這邊要注意的是，因為書中範例為循環動畫，因此並沒有位移，範例之動作01-08都是在原地踏步。如果要作出向前邁進的感覺，就必須以踏地點為基準作全身的位移。

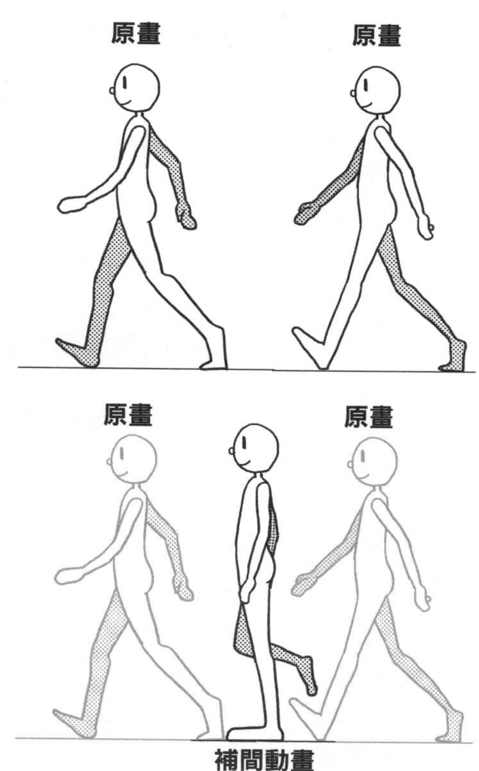

補間動畫

從右邊圖示中可以清楚地看出原畫與補間動畫的差異。這也是有時原畫師將畫稿交給動畫人員補齊動作時，會發生對動作認知不同的狀況。

在理解了走路的腳步動作之後，可以試著把手臂裝回來了；手臂的位置通常在肩膀下方一些。不同角色手臂擺動方式也有些差異；只要掌握到以肩膀為圓心，接下來分別於手肘與手腕這兩個可動關節做微幅的調整，就能創造出獨特的走路方式。

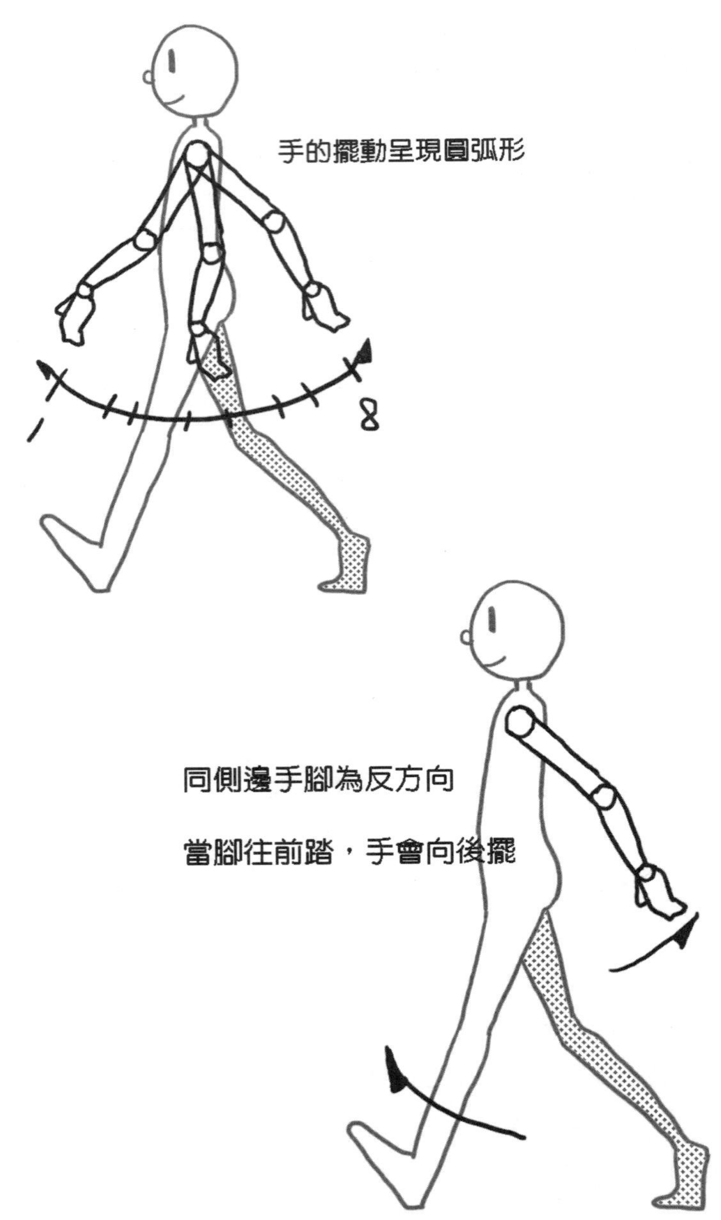

走路-教學範例

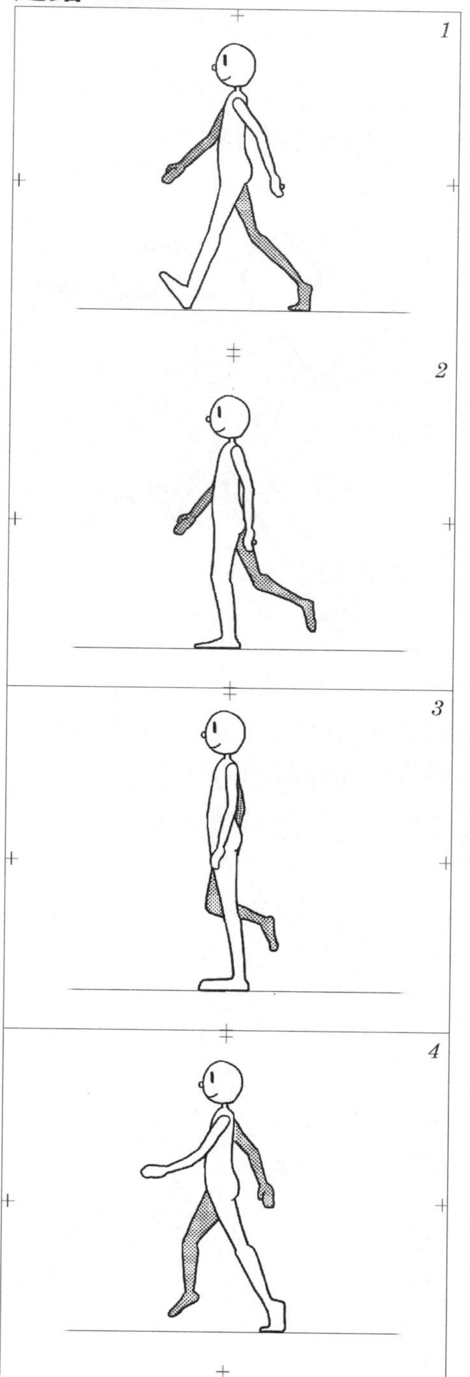

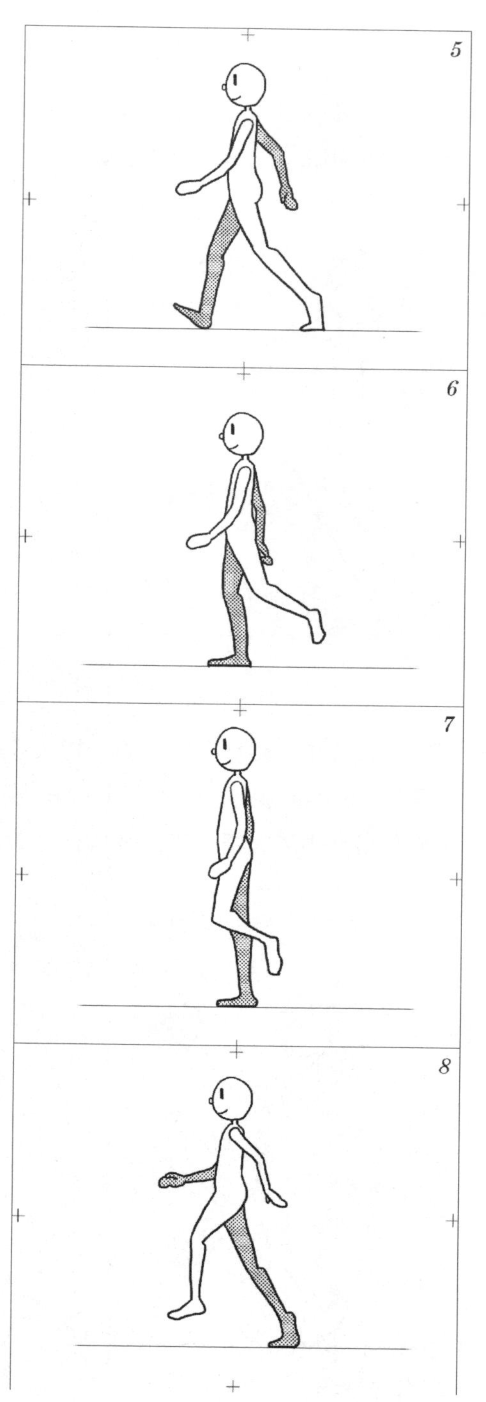

跑步

跑步其實與走路有些類似，但並不是單純的把走路的速度加快而已。跑步姿勢動作幅度相當大，身體明顯的前傾，手臂也會彎曲起來前後晃動。

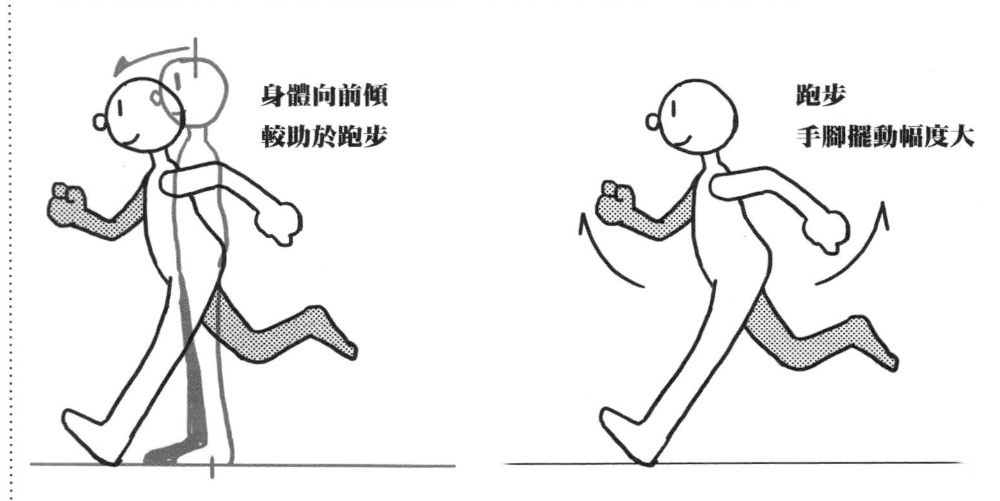

不同的人物跑步動作會完全不一樣，仔細觀察別人的跑步，快跑或慢跑?女性或男性?可以看的出心情嗎?或是什麼原因而跑?動畫師自己也要實際動起來，感受踏地前衝的力道，才能在作畫時做出更加貼近現實的跑步動作。

上圖為基礎的跑步分解圖，擺動幅度較細膩，並可以明顯看出踏地時與離地向前躍進的動作。

範例圖動作為在原地奔跑，有點像是跑步機上動作，角色並沒有做出位移。如需繪製向前奔跑的感覺，需記得以踏地點為位移基礎。

範例為在原地跑步，因此腳步著地點會向後移，這點千萬要注意。

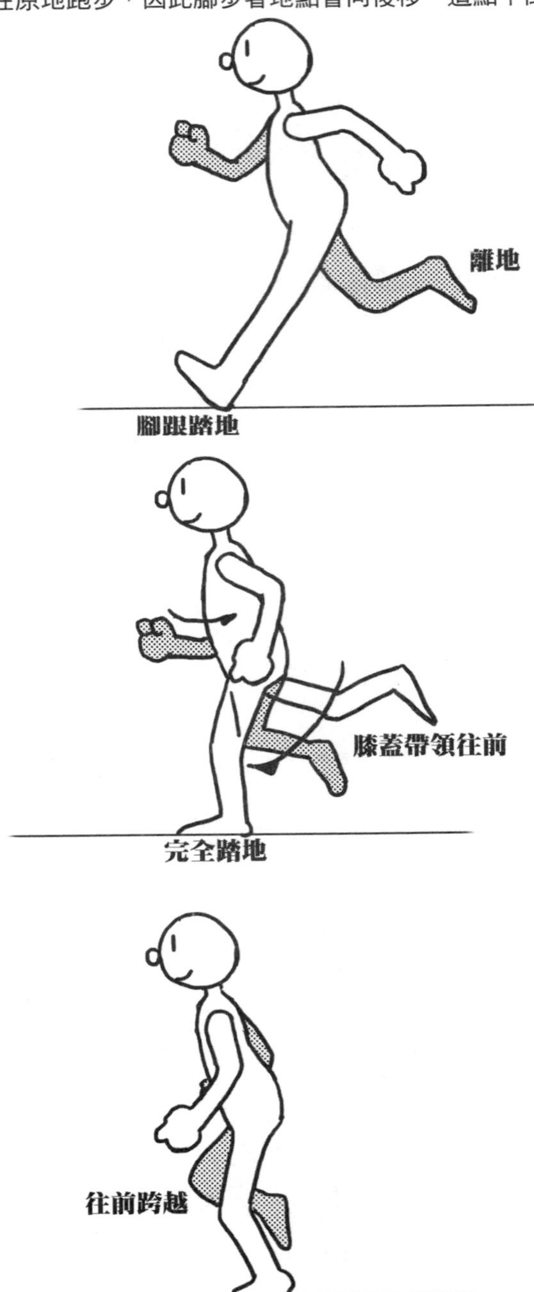

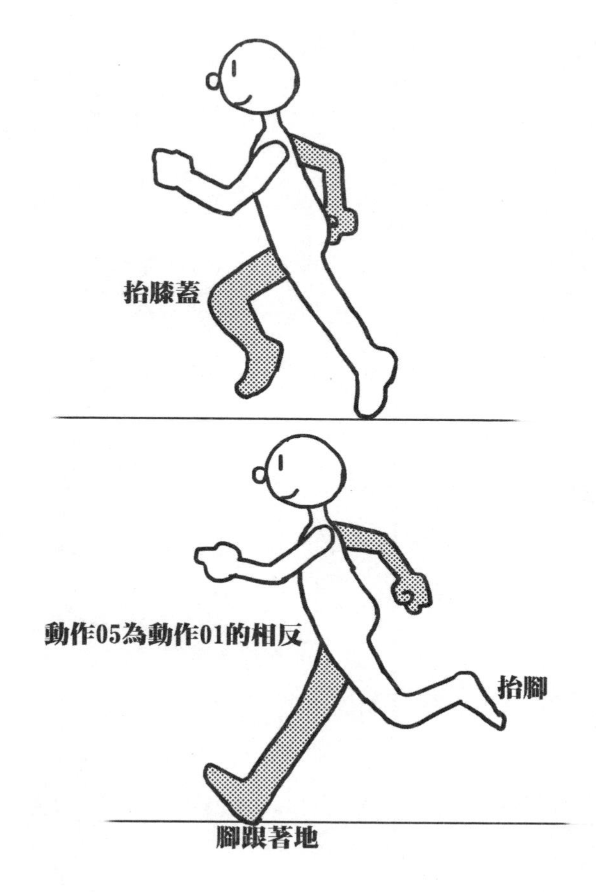
抬膝蓋
動作05為動作01的相反
抬腳
腳跟著地

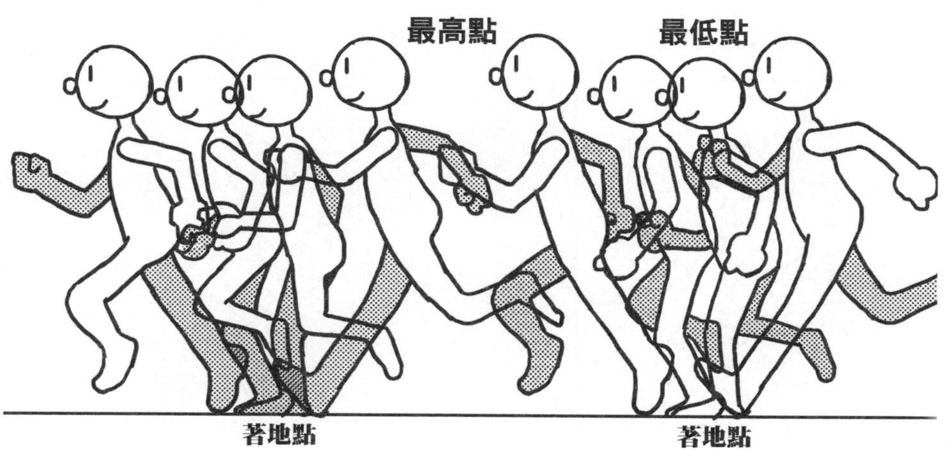
最高點
最低點
著地點
著地點

跑步-教學範例

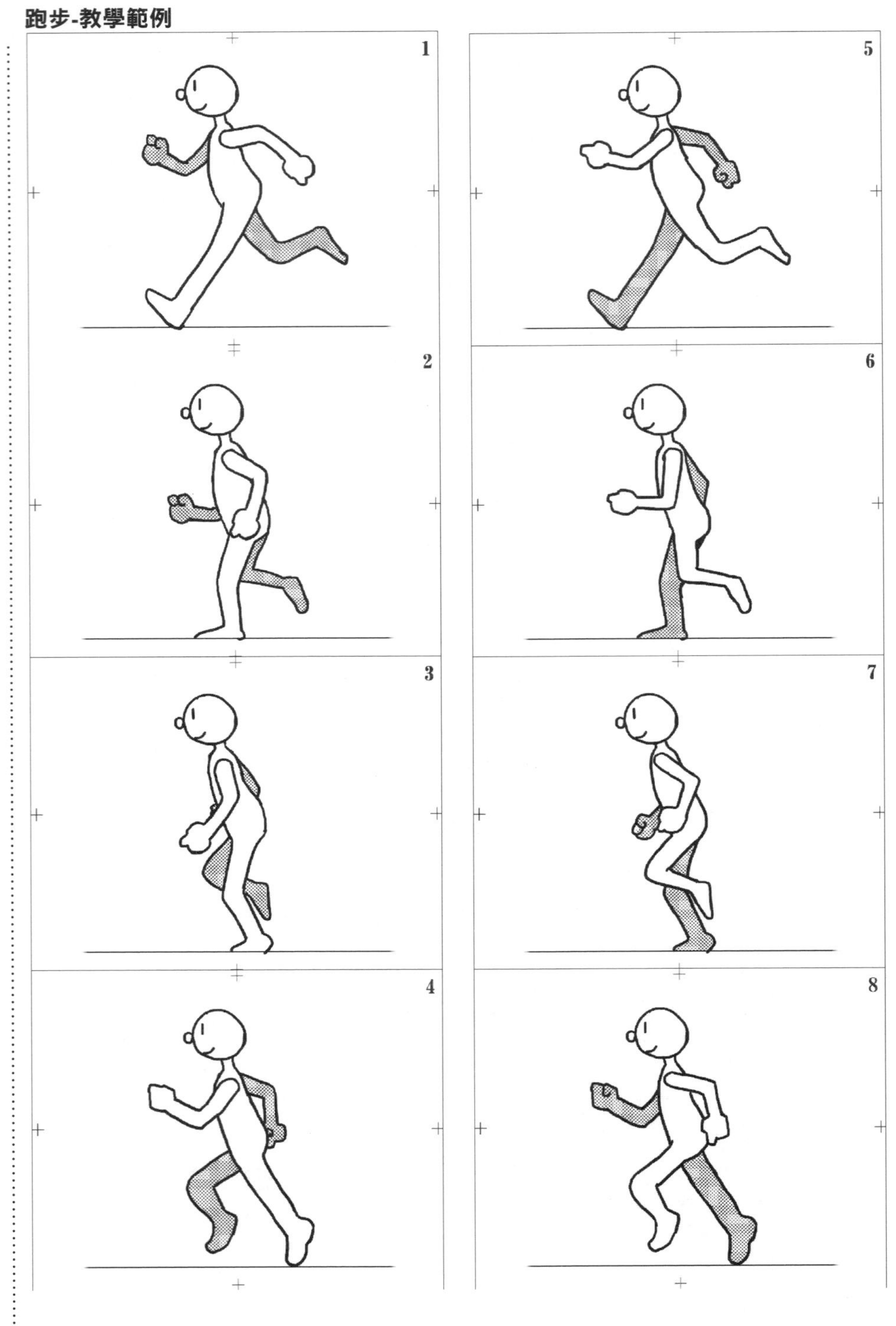

跳躍

良好的跳躍動作能充分讓角色充滿動感，此動作不是原地跳起來著地站起，而是向前方跳遠動作。在跳躍之前一定要先微蹲下來，膝蓋不彎曲的話是沒有辦法跳躍的；假若嘗試將膝蓋固定向前跳，可能會因力量不足，跳的不遠、亦無法順利的站穩。繪製跳躍動作可以在動作3時將角色做誇張的伸展，動作6為著地動作，也可於此時稍微壓扁身體，更能顯示跳躍的力道。

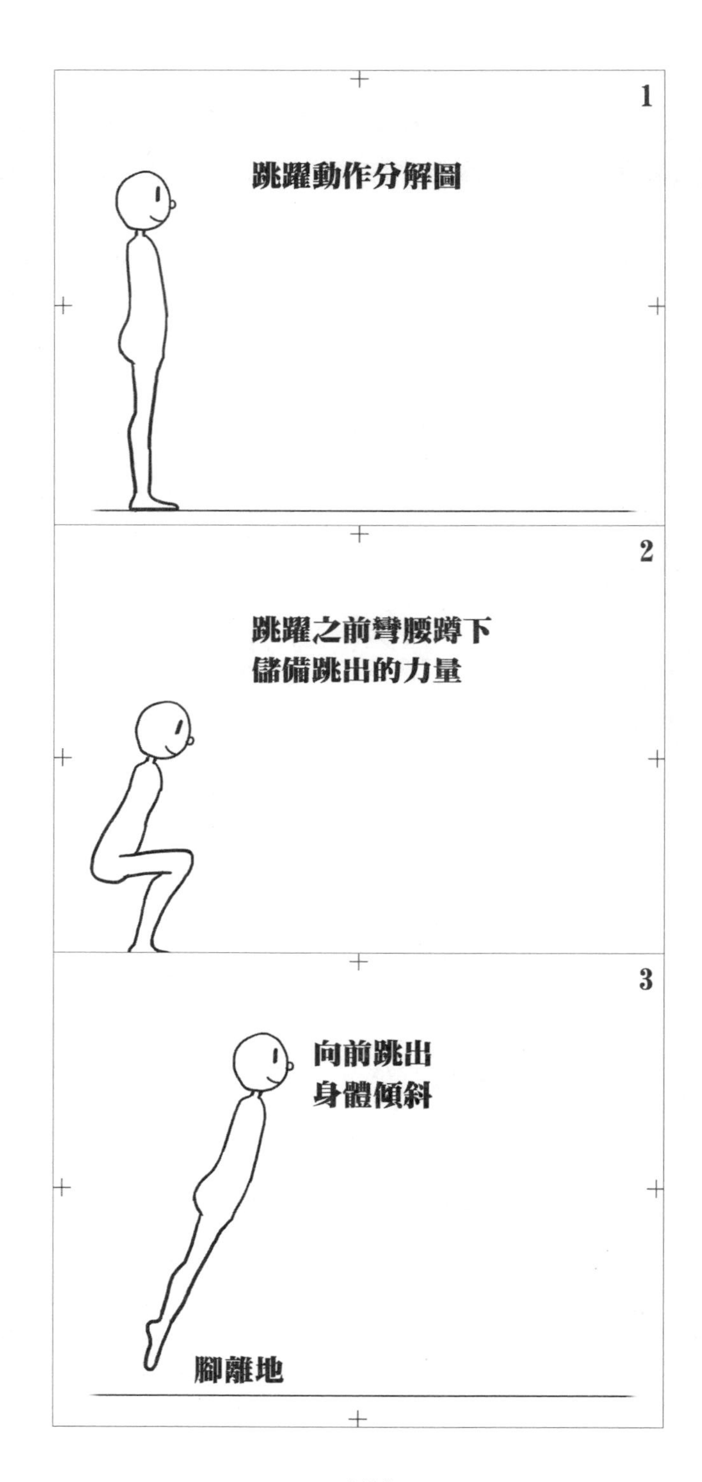
1
跳躍動作分解圖
2
跳躍之前彎腰蹲下
儲備跳出的力量
3
向前跳出
身體傾斜
腳離地

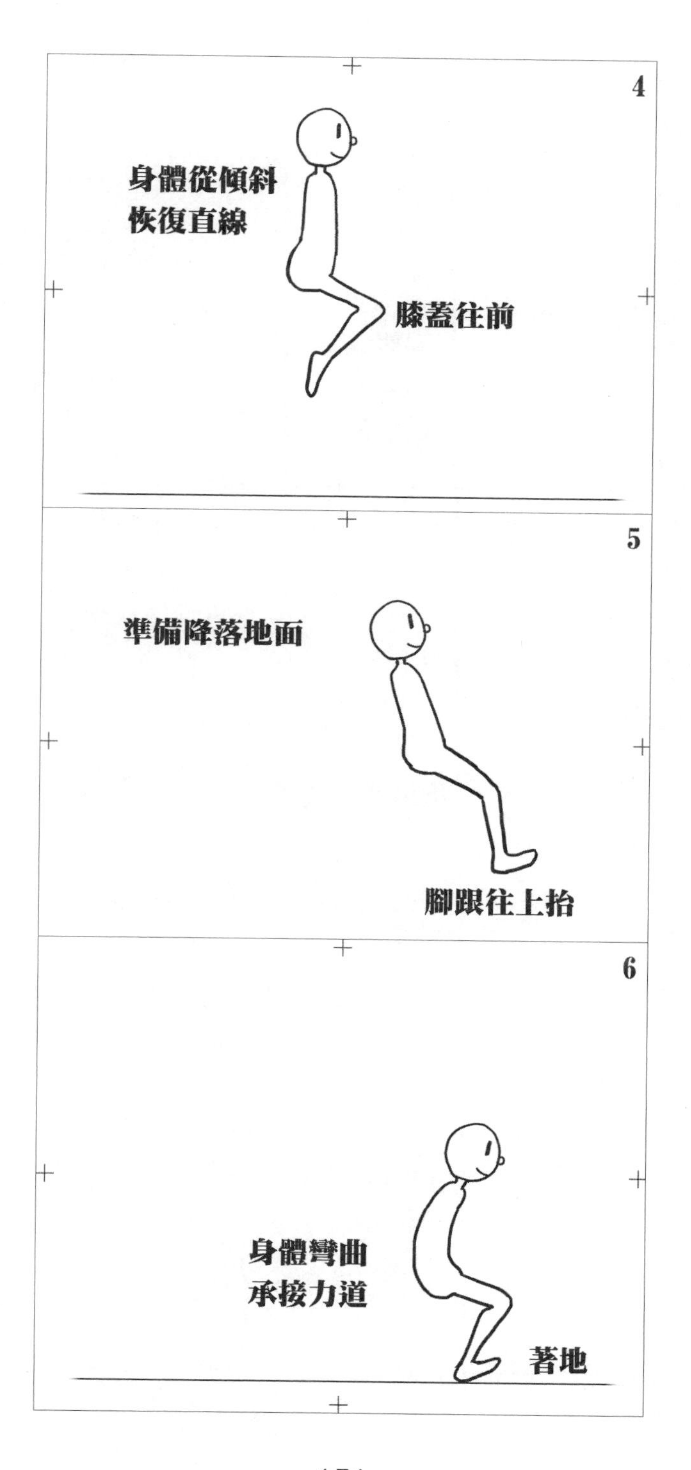
4
身體從傾斜
恢復直線
膝蓋往前
5
準備降落地面
腳跟往上抬
6
身體彎曲
承接力道
著地

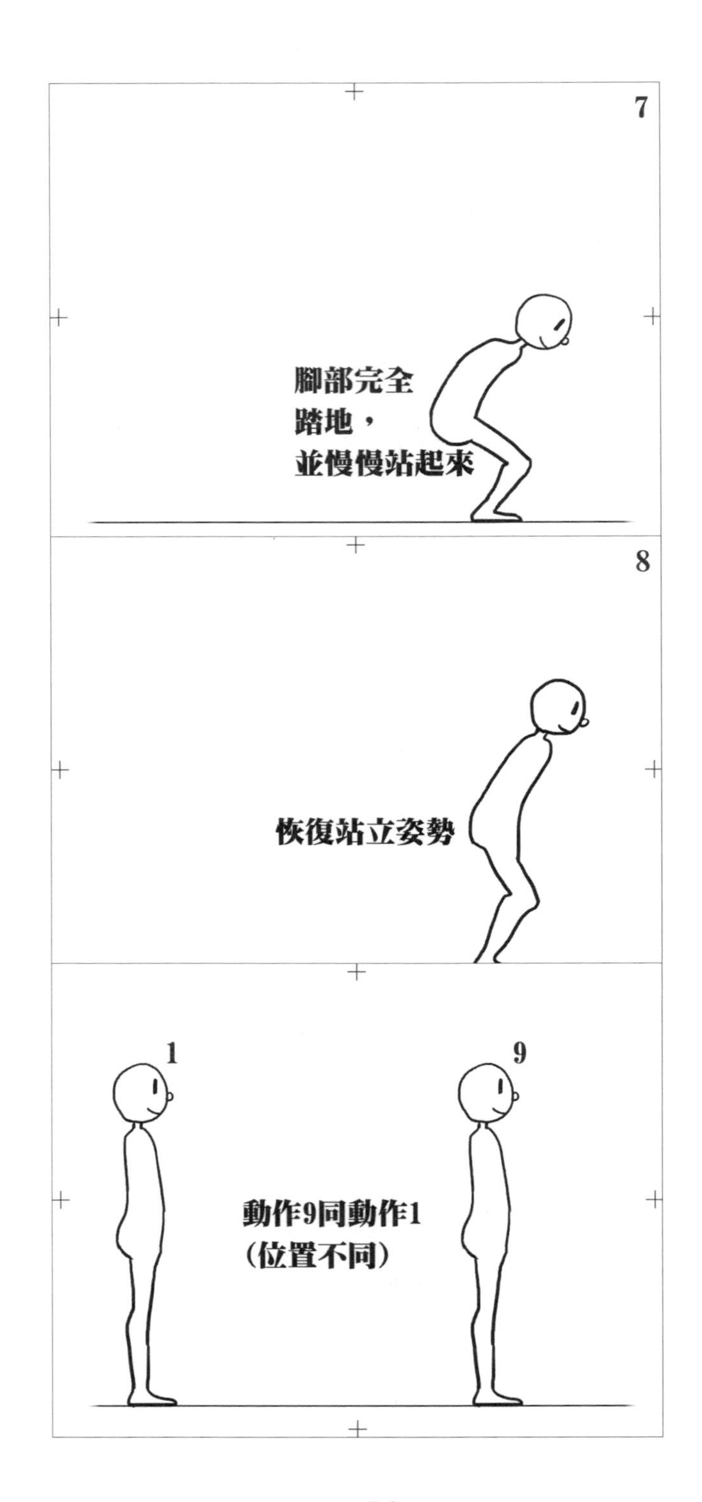
7
腳部完全
踏地，
並慢慢站起來
8
恢復站立姿勢
1
9
動作9同動作1
（位置不同）

跳躍-教學範例

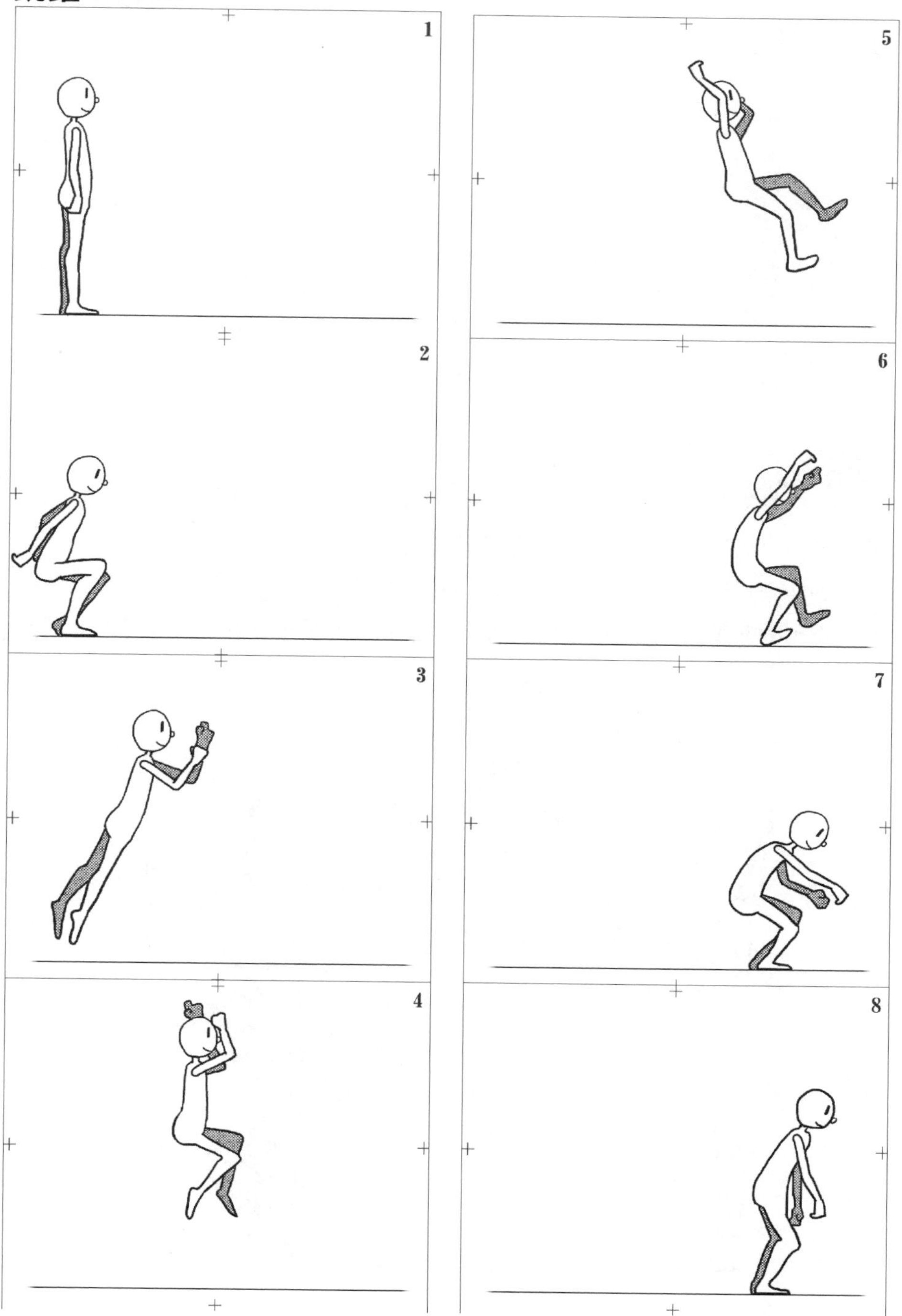

第3章

跳躍-教學範例

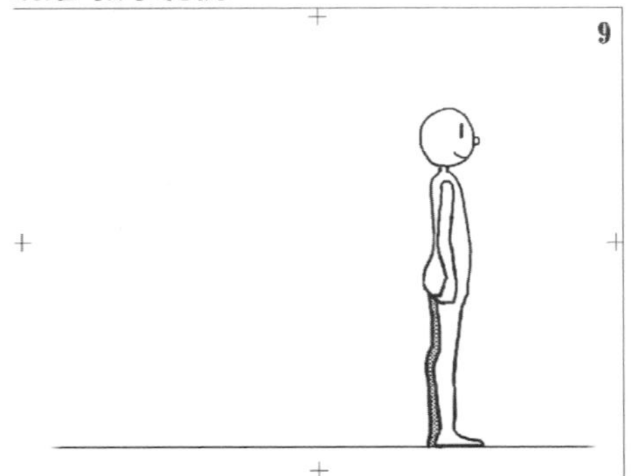

小提醒:

一般人在跳躍前除了蹲低身子之外，也有可能正在跑步，邊跑邊進入準備跳起的狀態，可以將此章節走路或跑步部分加在跳躍前，以半蹲動作做連接。

手部動作則沒有固定規範，基本上是與身體動向反邊，以平衡動態。作畫時試著先畫出動態草稿，並簡單的標上編碼，避免跳完著地後突然又彎腰的狀況。

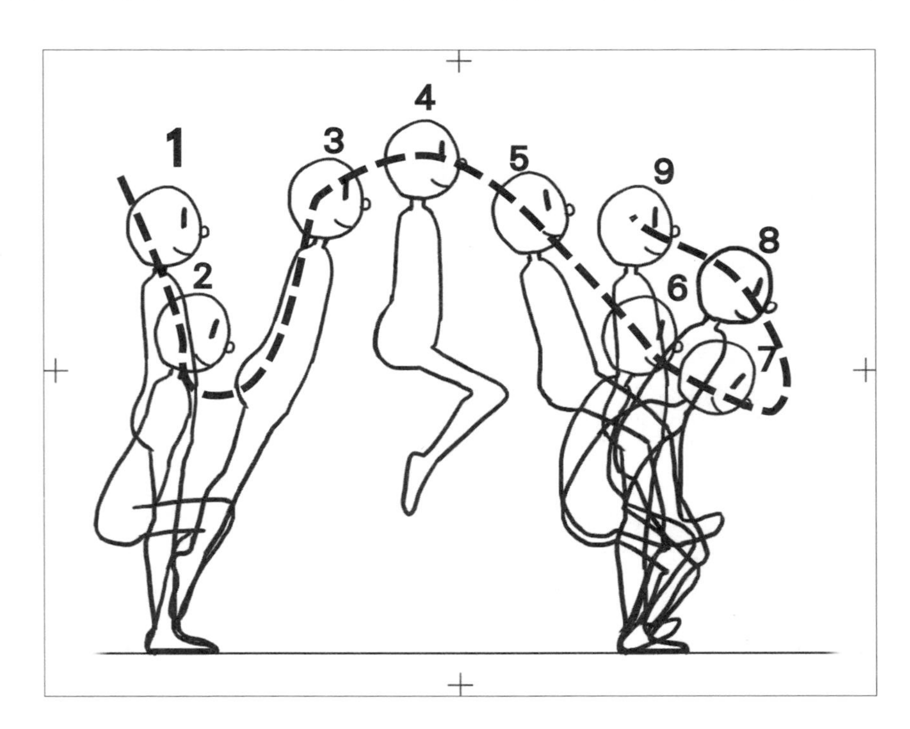

對嘴動畫

當角色在說話的時候，除了聲音台詞，觀眾怎麼知道是哪位角色在講話呢?在鏡頭語言法則裡面，提到最明顯的方式就是輪到A講話時，鏡頭就給A一個臉部特寫；B在聆聽時，鏡頭先帶到B的臉部，再帶到別的地方。動畫制作時不像電影，被拍攝到的演員會自己開口說話；動畫師必須依照台詞內容幫角色開金口，讓嘴型符合話語該有的發音形狀。近年商業電視卡通影集普及，大量生產讓製作進度相當吃緊，實在沒辦法慢條斯里地畫出每個字的嘴型。動畫師們便想出了好法子，也就是將幾個主要發音歸類為幾個基本嘴型，角色說話的時候只要以基本嘴型為原畫，再做裡面的補間動畫；進度便能大幅提升。

有些低預算的卡通影集，角色造型也較簡單，在製作講話時會採用上圖的開合式對嘴法。如此講話時只需要兩張互相調換，就能做出像魚嘴巴開闔的簡易說台詞動畫。

先繪製一張角色空蕩蕩的臉，除了鼻子之外的五官都暫時不要畫出來。再以此為基底，參照下列的參考列表，畫出五張基本臉部表情。當然，依照動畫需求，可以把表情的更誇張些，或是有些特殊嘴型才發出來的音，也可以另外畫幾張備用。

基本嘴型-3
適用於:
ㄧ、ㄉㄧ、ㄅㄧ、ㄋㄧ...等
含有ㄧ音的字詞
基本嘴型-4
適用於:
嗚、唔、於...等
含有ㄨ或ㄩ音的字詞
基本嘴型-5
適用於:
嘶、咿、是...等
含有ㄕ或ㄙ音的字詞

對嘴動畫製作時，需要使用到以下設備:

*** 電腦-剪輯配音用　*掃描機-將圖畫轉成數位圖檔用**

*** 麥克風-錄音用**

*** 畫好的動畫表情**

以下圖檔以「哈囉~大家好!」台詞為嘴型示範。

聲音還沒開始時，先使用最基本嘴巴閉起來的表情1。
持續大約1~2秒。

使用表情3
發音為「哈-」
停頓約0.1秒

使用表情2
發音為「-囉-」
停頓約0.5秒

使用表情1
「哈囉」兩字講完後
做暫時停頓
持續約0.5秒

使用表情3
發音為「大-」
停頓約0.1秒

使用表情4
發音為「家-」
停頓約0.1秒

使用表情3
發音為「ㄏ-」
停頓約0.1秒

使用表情5
發音為「ㄠㄨ-」(好的語尾)
停頓約0.1秒

講完台詞，回到
表情1。
持續大約1~2秒。

其實只要幾個基本嘴型與表情，就能做出很多話語的對嘴動畫。不過倘若製作時間足夠的話，盡量還是在臉部上多下功夫，才能做出最貼切的表演。

動物的動作

許多受歡迎的動畫角色或卡通明星都是從動物造型轉化而來，大部分的表演動作雖然經過擬人化，但還是可見動物造型深受觀眾的喜愛；當動畫師以動物為主角時，要先觀察真實動物的自然舉動，將其動態整理後，強調劇情中需要的部分，弱化現實較為瑣碎的動態。才能將普通的動物行為轉化昇華成為表演的藝術。

狗-教學範例

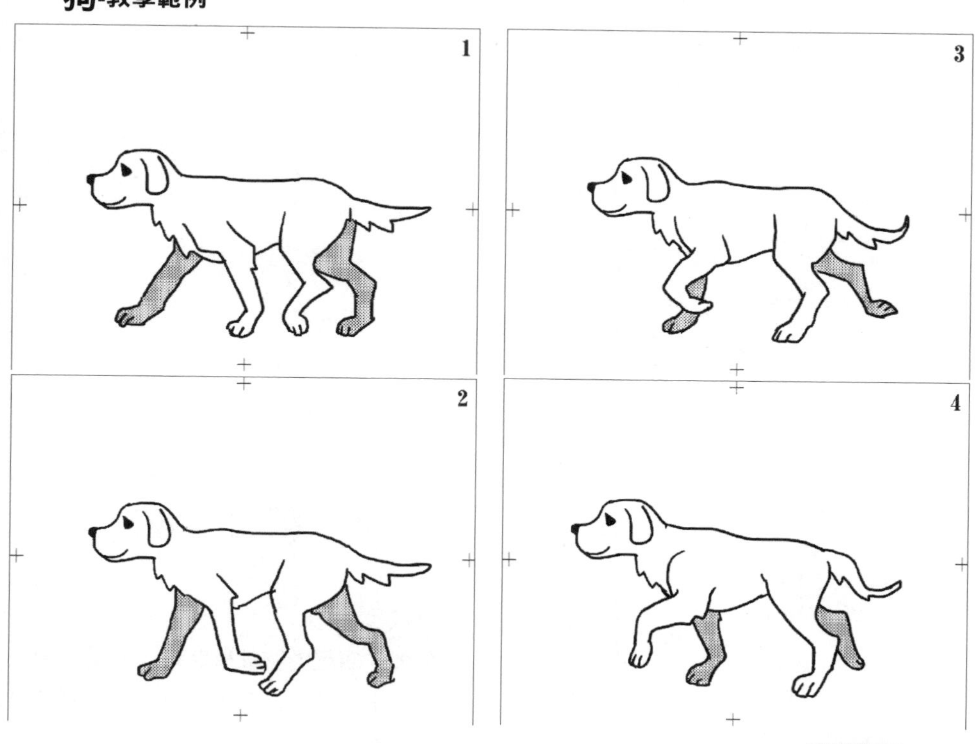

接續後頁

狗-教學範例

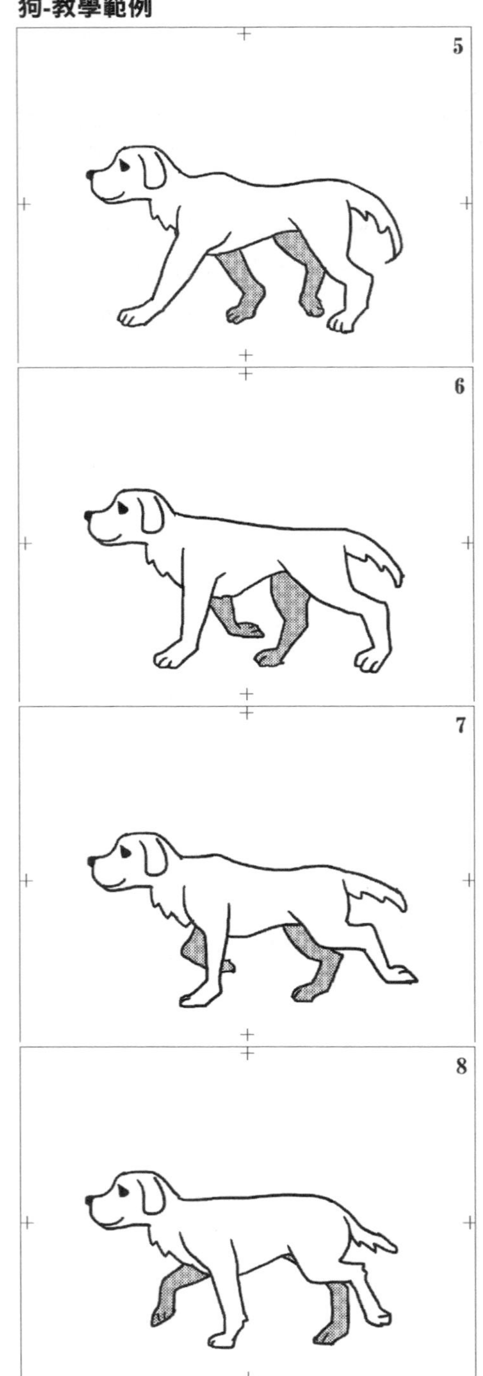

小提醒：

在製作四足動物動畫時可以先從中間分一半。將前半身與後半身動態分開來思考。

鳥

鳥類的主要動作就是飛翔。不同於飛機或其他交通飛行工具，鳥的振翅動作相當的美麗，也讓動畫師們心醉神迷於各種翱翔天際的姿態。鳥的主要構造為羽翼，骨骼是空心的，才能減輕飛行的負擔。構成鳥的主要部位有引領動作方向的頭部、頸部、身體、長滿羽毛的雙翅以及平衡用的尾巴、爪子。

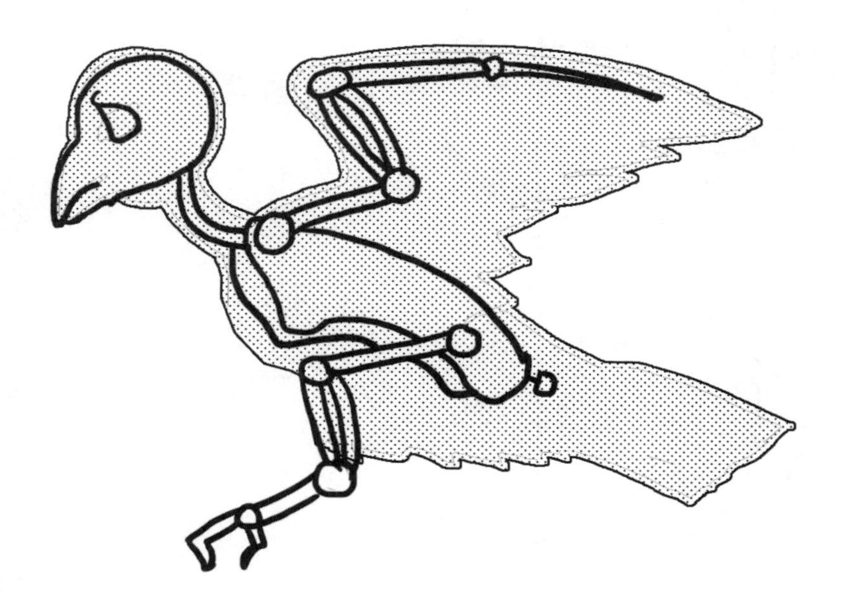

創造鳥類角色時不管怎麼改變，頭部可以作出擬人化的表情，但唯有翅膀的構造盡量貼近原來的鳥類，此種受限制的動態亦是鳥類角色受歡迎的主要原因。

鳥類飛行時，當翅膀揚起時，身體會下降。反之當翅膀往下壓，身體會被氣流擠壓往上浮起。在繪製翅膀時不要忘記羽毛的柔軟度。

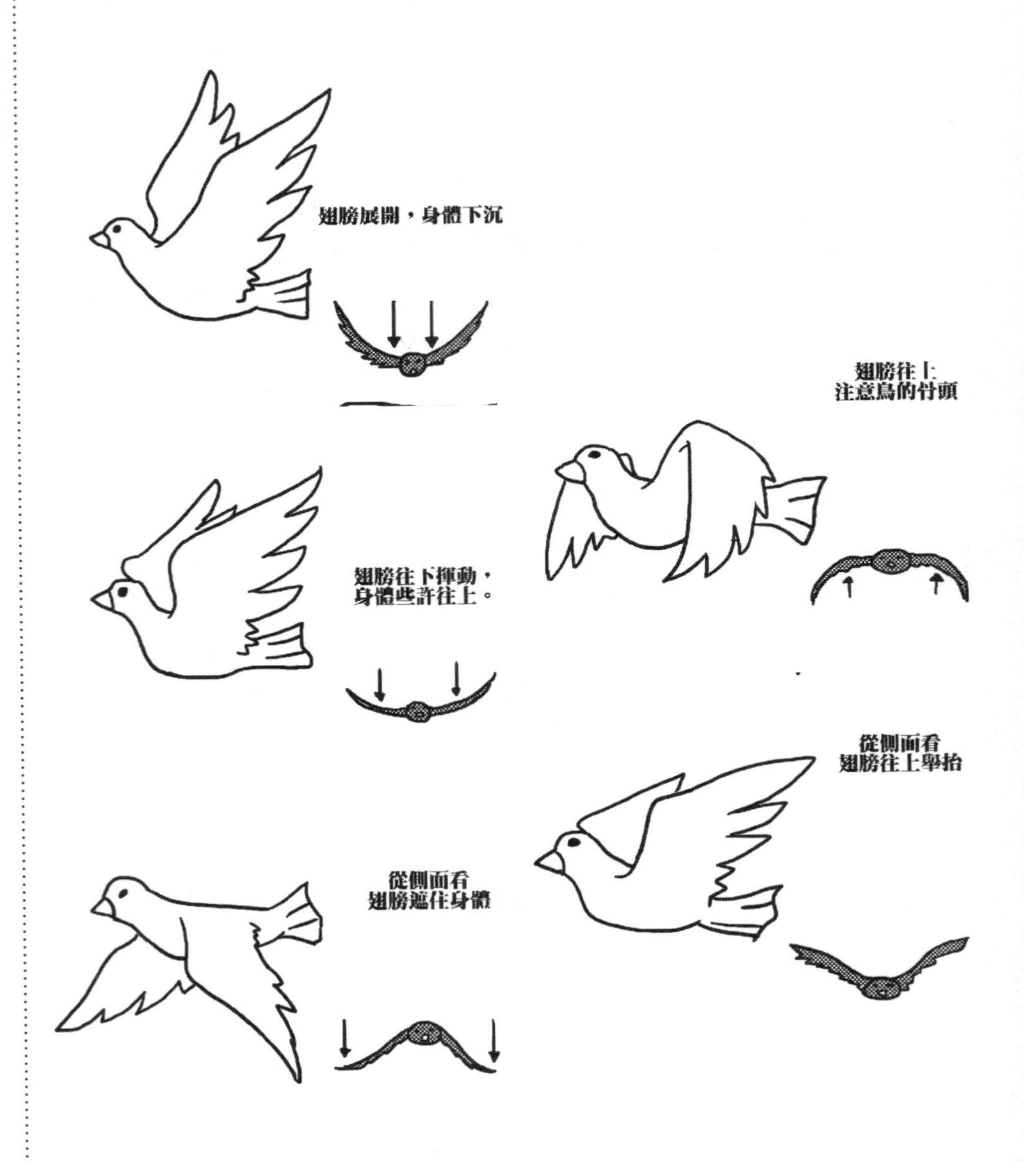

鳥-教學範例1

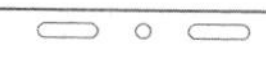

魚

魚的動態相當自由，唯一要注意的就是身體的柔軟度與魚鰭的擺動；盡量讓魚游動時多些不同的角度變化，突顯水中世界的自由度。

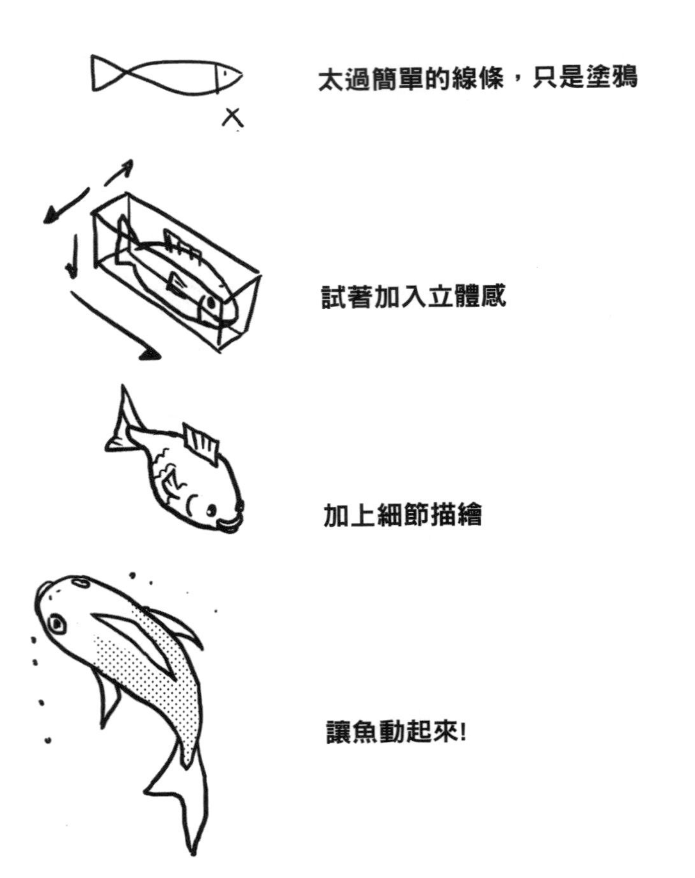

在造型上魚的外型以流線型為主，但海中生物樣貌相當多種，也是需要作確實的觀察後再進行繪製與設計。

魚-教學範例

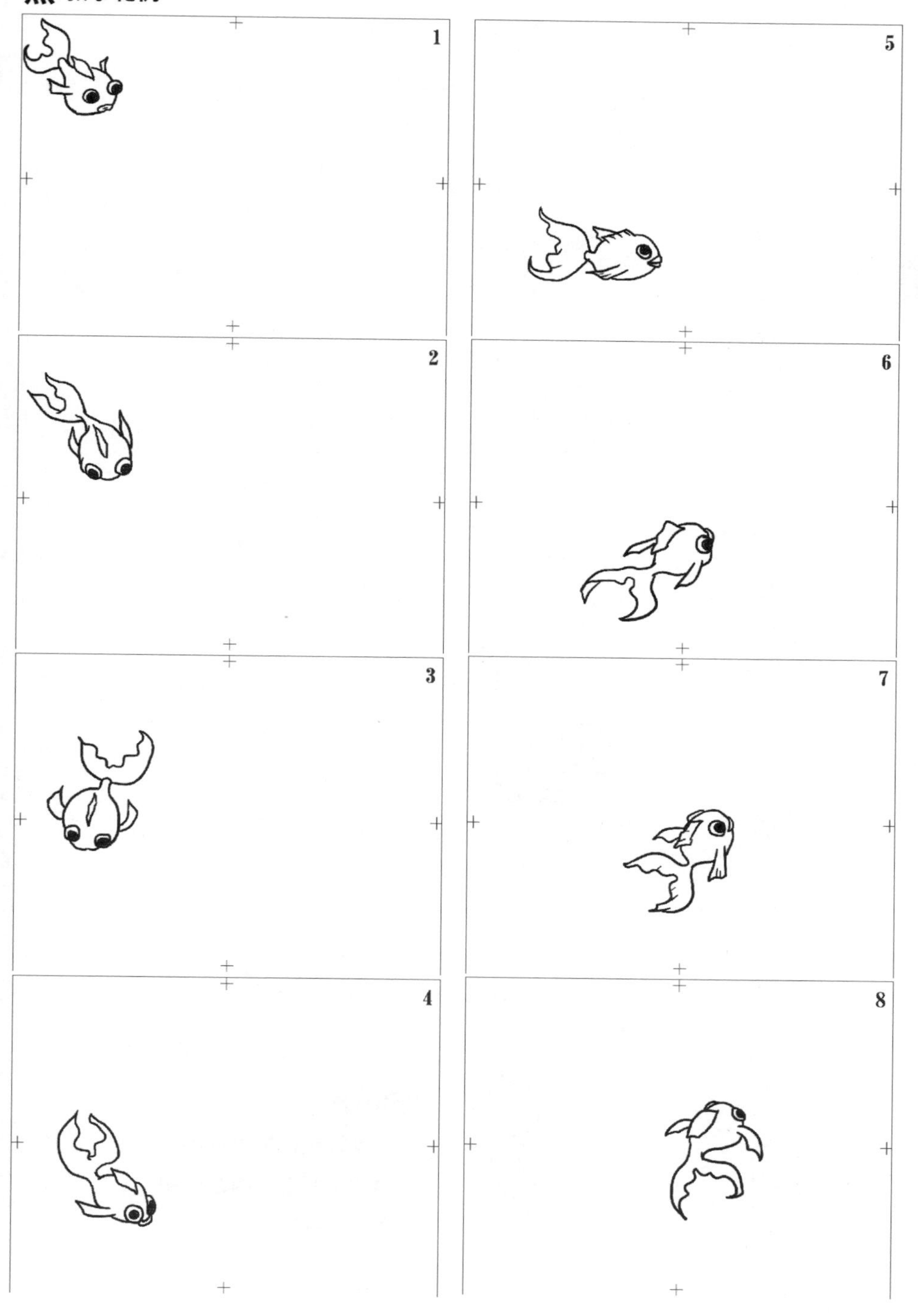

魚-教學範例

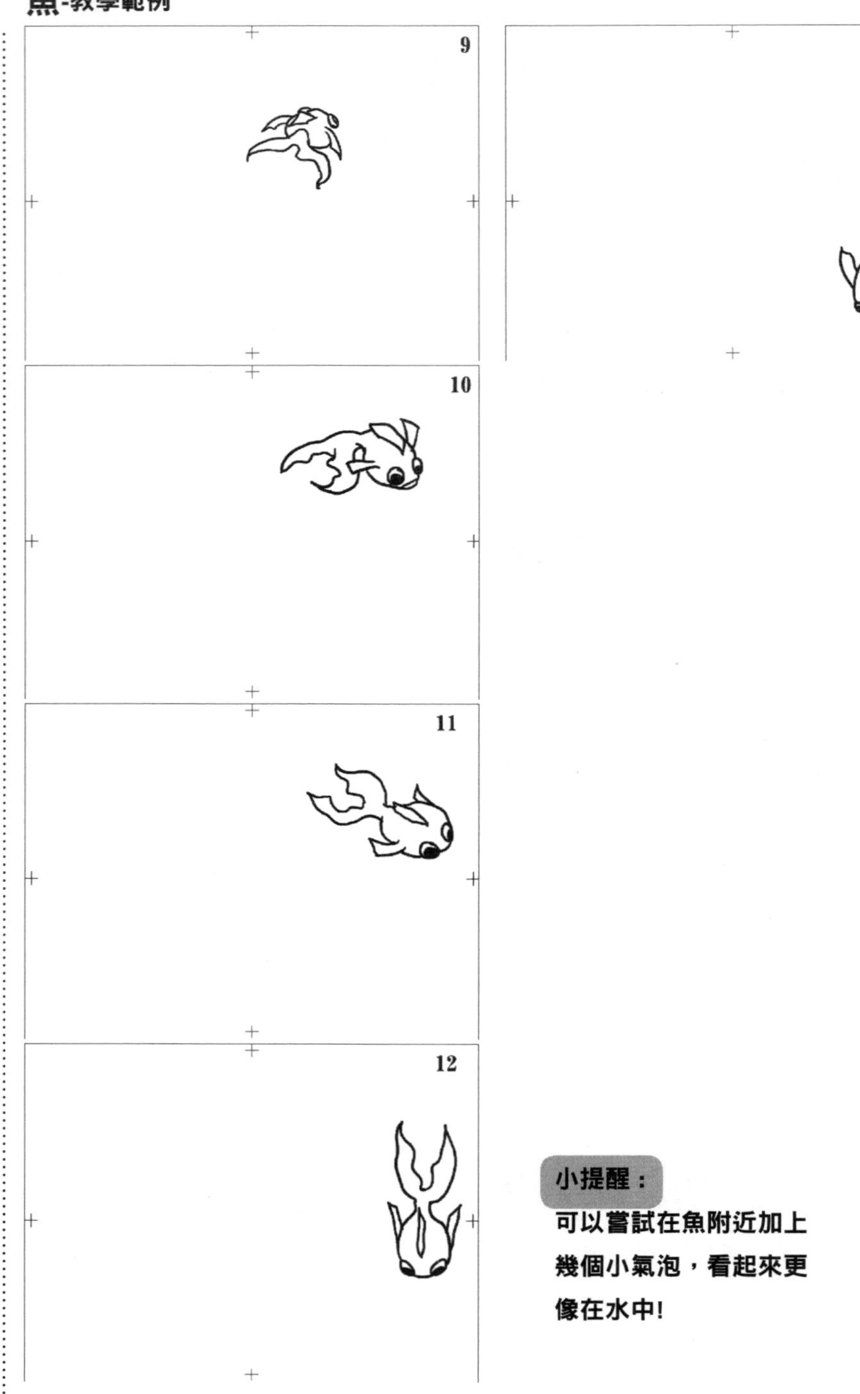

小提醒：

可以嘗試在魚附近加上幾個小氣泡，看起來更像在水中!

自然現象

當動畫師在描繪大自然的各種現象時，不能憑空想像就冒然下筆；必須經過實際的觀察，並思考物理特性背後的運動原理為何。本章節示範圖檔為蒐集許多動畫師經驗談後的範例圖檔，以此為公式做基本練習參照；但切記，動態沒有標準且固定的答案，唯有貼近自然、符合實際的順暢動態才是最終目標。

水滴-**教學範例**

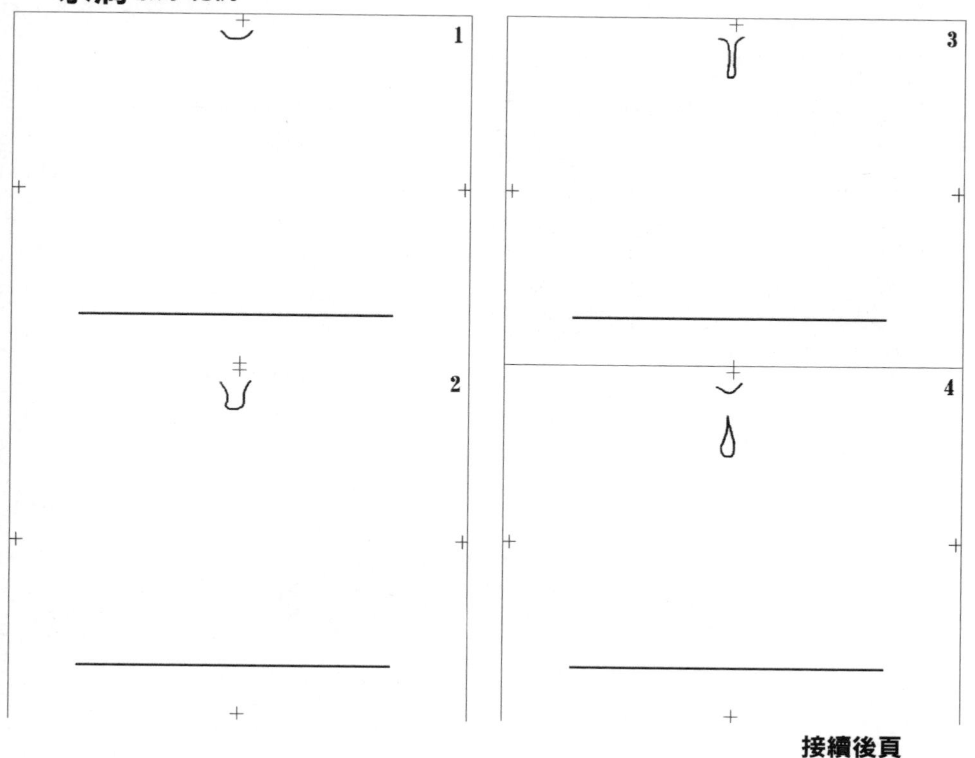

接續後頁

水滴-教學範例

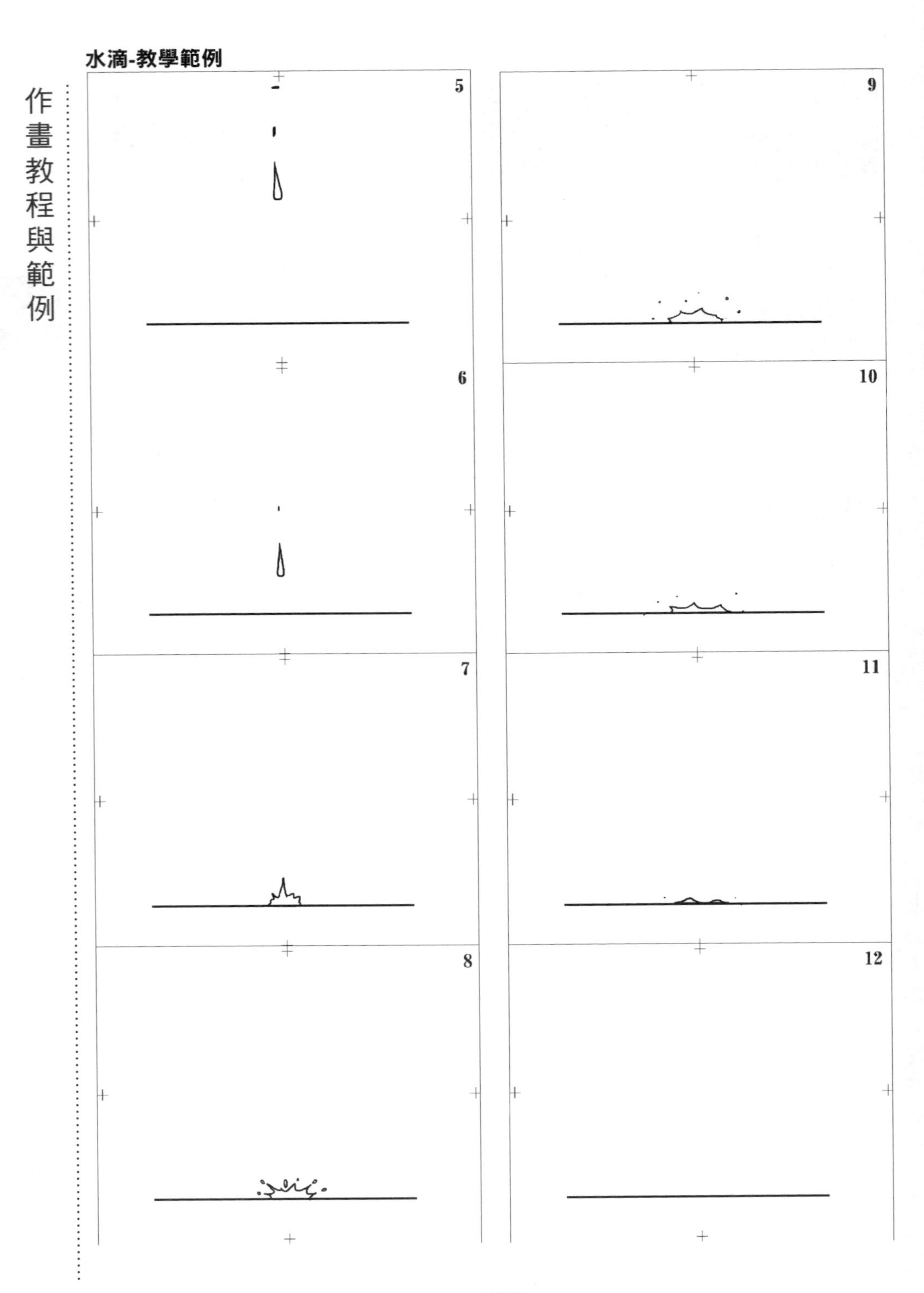

火

火炎燃燒時沒有固定的型態；為了在動畫中製作出燃燒旺盛的動態，需要將光線具體化，掌握幾個作畫特點:

(1)從中心點下方往上滾動

(2)用畫波浪的方式描繪外輪廓

火焰-教學範例

風

看不見也摸不著，風吹過只是一種空氣的流動；雖能透過聲音與觸覺來感知，但在動畫製作中必須藉由眼睛看得到物件動態，表現出風的運動。最具代表性的就是布料或著是樹梢的樹葉、頭髮飄動...等運作；讓觀看者看到沒有具象形體的風。

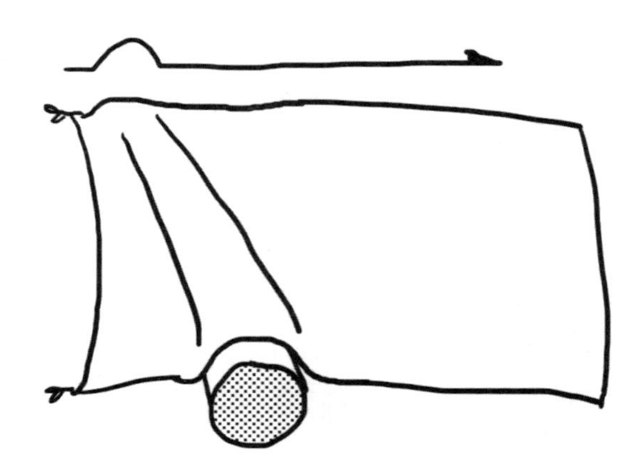

從風吹拂旗幟的動態公式，可以發現看似紊亂的運動其實有規則性在裡面。

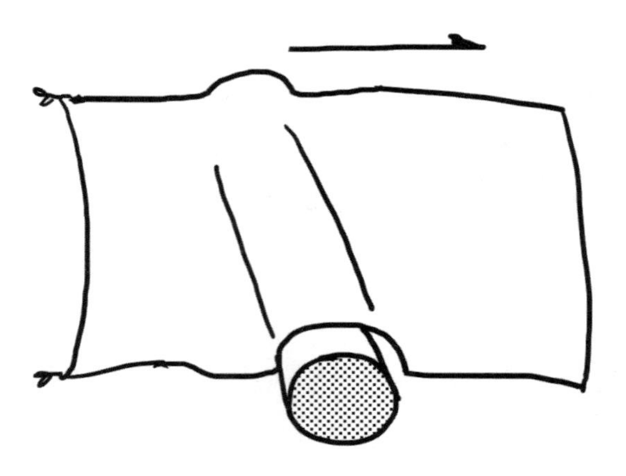

風-教學範例I

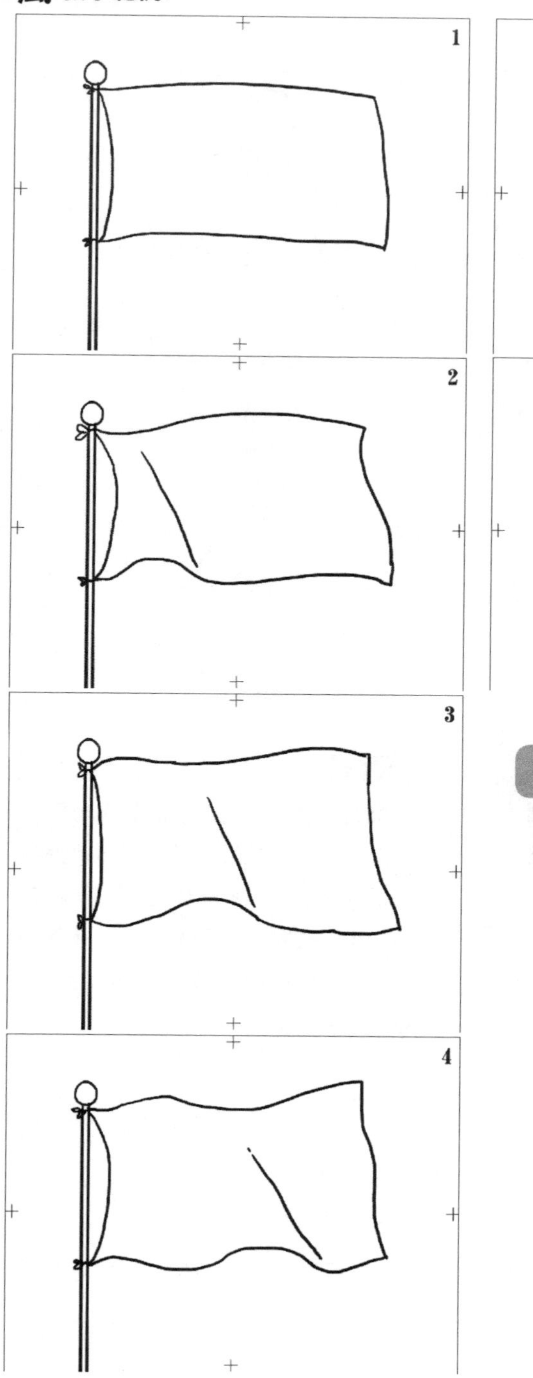

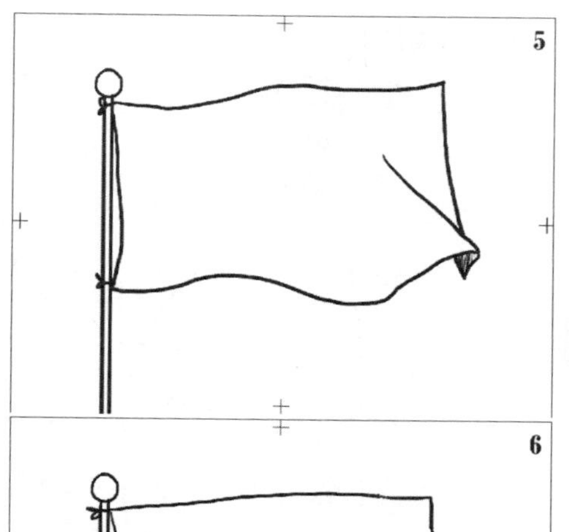

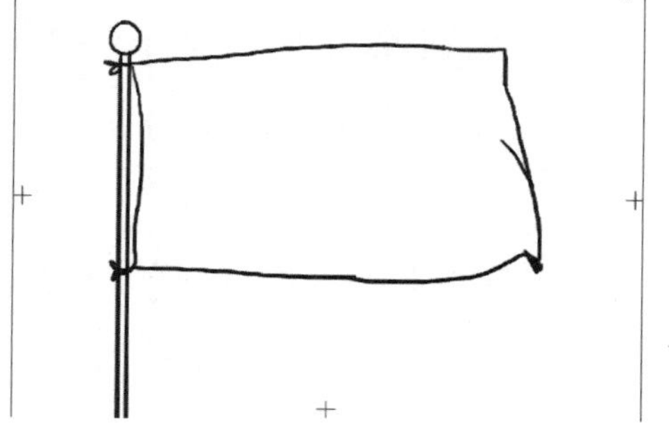

小提醒：

假如旗幟上有圖案，亦會跟著布料扭曲變形。

風-教學範例 II

小提醒：

衣服的飄動在人物為主的動畫角色中很常見，通常越柔軟輕薄的布料飄動的幅度會越大，反之厚重的布料動態則較小。在製作衣物動態時，盡量加入動畫法則中的跟隨，可讓整體動作看起來更加服貼。

第3章

第四章

各種動畫類型製作流程介紹

各種動畫類型製作流程介紹

在這個章節主要介紹除了平面手繪動畫之外的各種動畫類型。並且按照步驟將製作過程拆解，讓初學動畫的人也能按部就班，從無到有創作動畫。

創作平面動畫作品需要一定水準的描繪技巧，才能巧妙地傳達角色神態。但對 非美術科班出身的創作者來說，繪畫可能不是擅長的技術。難道做動畫非得要會畫畫嗎？答案是否定的，優秀的畫技可以為動畫增色，但卻不是作動畫的絕對條件。這個章節裡我們將針對立體動畫這個領域中，頗具代表性的幾項動畫類型做 詳盡的拍攝過程介紹。準備好你的相機，動手拍攝動畫吧！

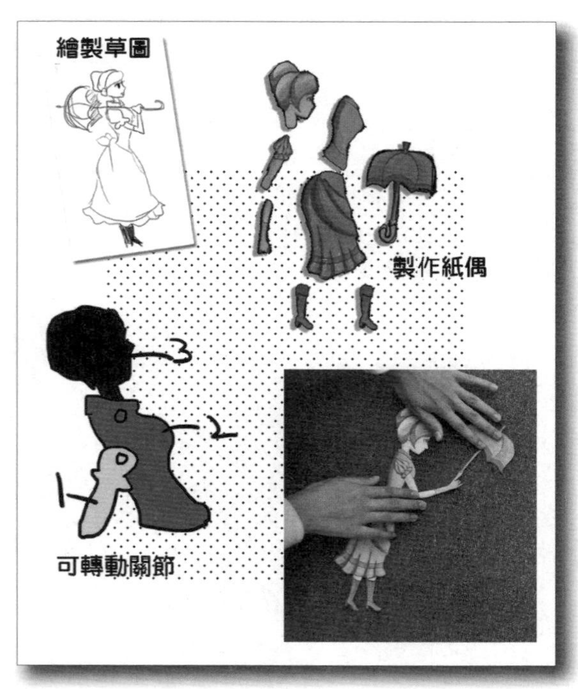

● 剪紙動畫人偶製作

剪紙動畫

剪紙動畫，英文為 Cutout Animation。剪紙動畫作品乍看之下有點神似中國的皮影戲；通常以紙或是布料為材質製作的停格動畫。因製作與拍攝方式相較起其他動畫類型較容易上手，亦適合剛接觸動畫的初學者或年齡層較低的兒童；但可別因此小看了剪紙動畫！許多動畫藝術家偏愛用此種媒材進行創作，作工可以相當的細膩。正因為剪紙動畫像皮影戲般，只能呈現扁平的紙面，無法像 3D 電腦動畫自由的旋轉視角或作大幅度的動態變化，剪紙動畫在製作形式上更需要細膩的巧思與手上功夫。從材質的挑選到打光的方向，些許的異動都可以讓畫面有不同的風味，也正因為如此，剪紙動畫才具有其他動畫形式難以比擬的魅力。

材料：剪刀、美工刀、各類紙材

設備：相機、腳架、燈光、拍攝平台、電腦(後製串接影片)

拍攝方式：逐格拍攝 (stop-motion) 替換法 / 位移法

STEP 1　拍攝平臺與相機架設

將背景紙至於拍攝平台上，以紙膠固定貼牢。透過相機觀景窗確認拍攝範圍，並利用鉛筆做記號，以確定角色拍攝位置。調整相機與腳架角度，注意盡量不要拍到背景紙外面。打燈光時避免腳架或攝影師的影子會遮住燈光造成不規則陰暗面。

STEP2　角色與背景製作

背景紙建議與角色做區隔，可使用質感較樸素、低明度低彩度的紙材。角色關節分解，將"會動的"部分做簡單拆解，其他部分可省略。因應劇情角色臉部表情與角度會變化製作替換部位。

STEP3　動畫拍攝

將角色置於背景紙上，確認鏡頭縮放範圍後，盡量避免再做大幅度調整。剪紙動畫的主要拍攝方式為微調角色位置或動作→拍攝→微調→拍攝…重複。注意事項：剪紙動畫是可以單獨一人操控紙偶並進行拍攝的工作；但有時可團隊分工，一人負責相機快門，一人負責角色動態。注意不要將手拍進畫面中，如果不小心拍錯，再就原動作重新拍攝，待傳輸進電腦時再藉由軟體後製將拍到手或模糊的失誤照片刪除即可，這也是數位化的方便之處。在做物件位移時，為表達出其速度感，注意拍攝的timing為「動的快速，間隔張數少」，反之「慢慢移動，間隔張數多」。

STEP4　電腦後製剪輯

利用讀卡機或傳輸線將照片儲存至電腦。

整理刪除模糊或失誤、拍到手的照片。

範例使用 Windows 內建影音編輯軟體 MovieMaker，在功能表中的工具→選項→進階中，將圖片持續時間與轉換時間調整到最低

(0.125 秒與 0.25 秒)。然後將儲存至電腦資料夾的照片使用匯入功能，全部選取匯進集合視窗內。按畫面下方的顯示時間表進行檢視切換，將集合視窗內所有圖片下拉拖曳到視訊 時間表上。可匯入自己喜歡的配樂或音效，拖曳到於音訊軌上，進行簡單的影音剪輯。完成後點選檔案→儲存電影檔案→完成，就可以預覽完整影片檔了！小提醒：選用配樂時注意！若影片用途為參加比賽或公開播映場合，切勿使用版權音樂。

製作完屬於自己的剪紙動畫了嗎？

上網搜尋其他 Cutout Animation 作品吧！

剪紙動畫大師關鍵字

- 洛特 ‧ 雷妮格〈Lotte Reiniger〉
- 米歇 ‧ 奧塞羅〈Michel Ocelot〉
- 尤里 ‧ 諾斯坦〈Yuri Norstein〉
- 大藤 信郎〈Oofuji noburou〉

● 剪紙動畫範例

作品示範－林千榕

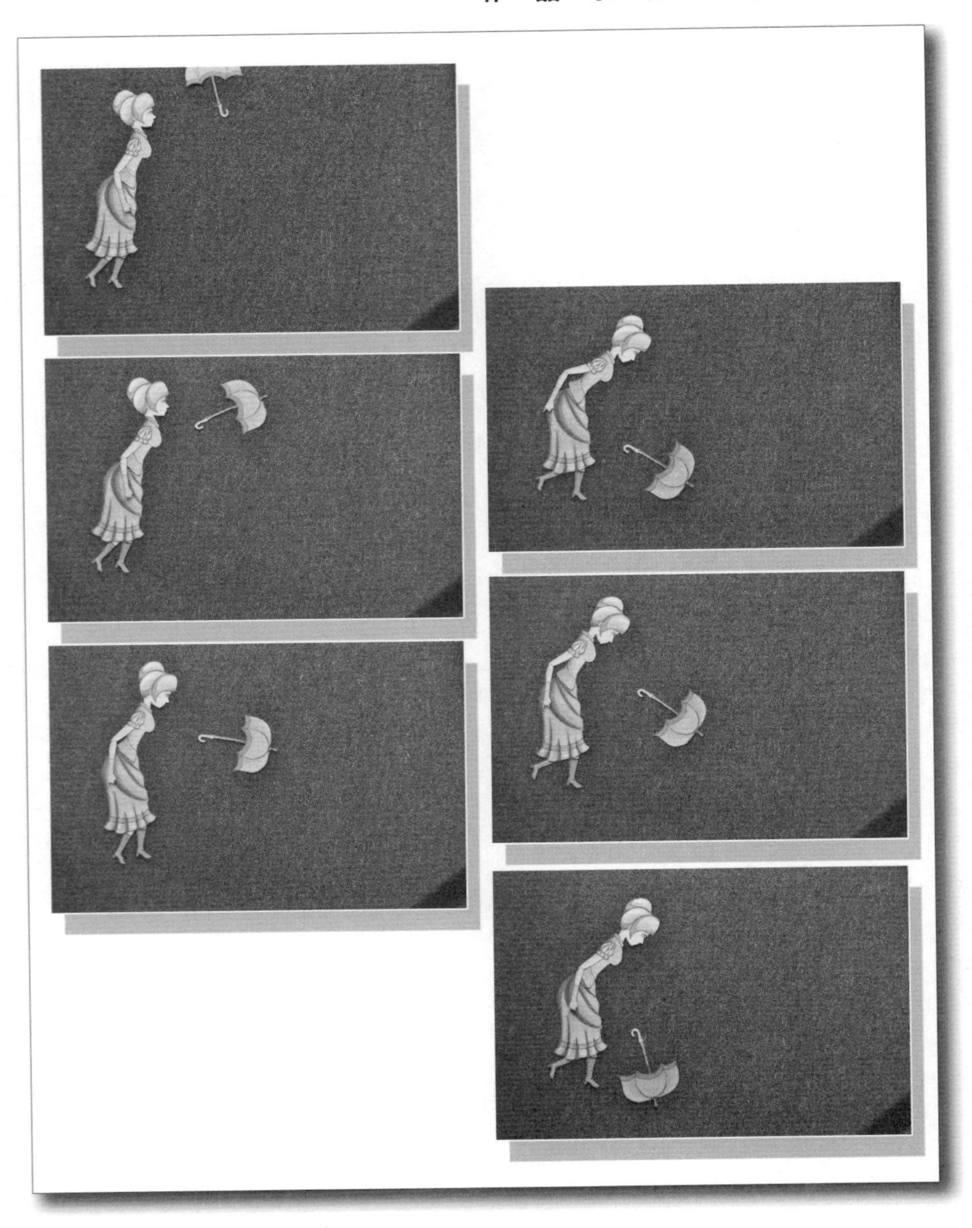

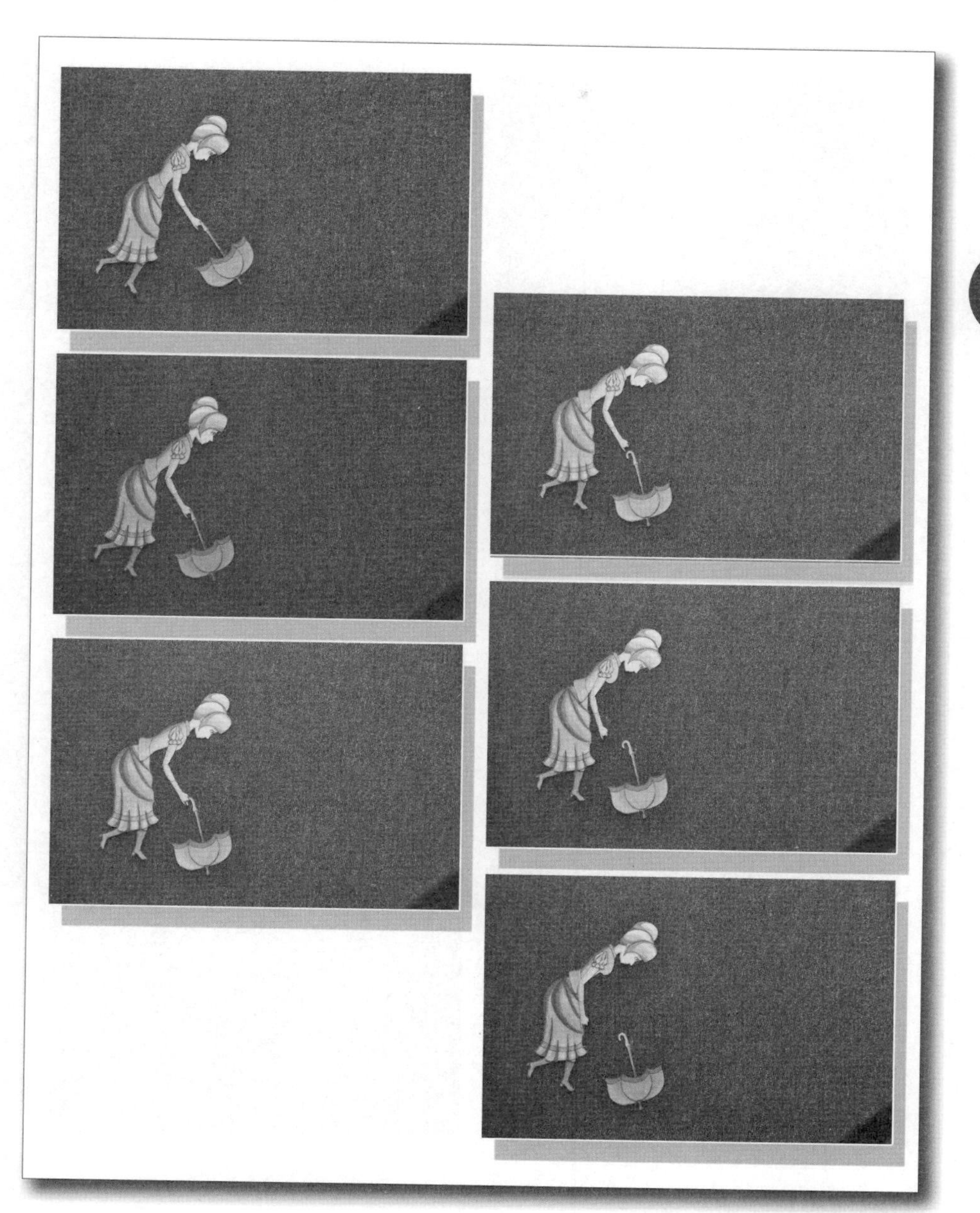

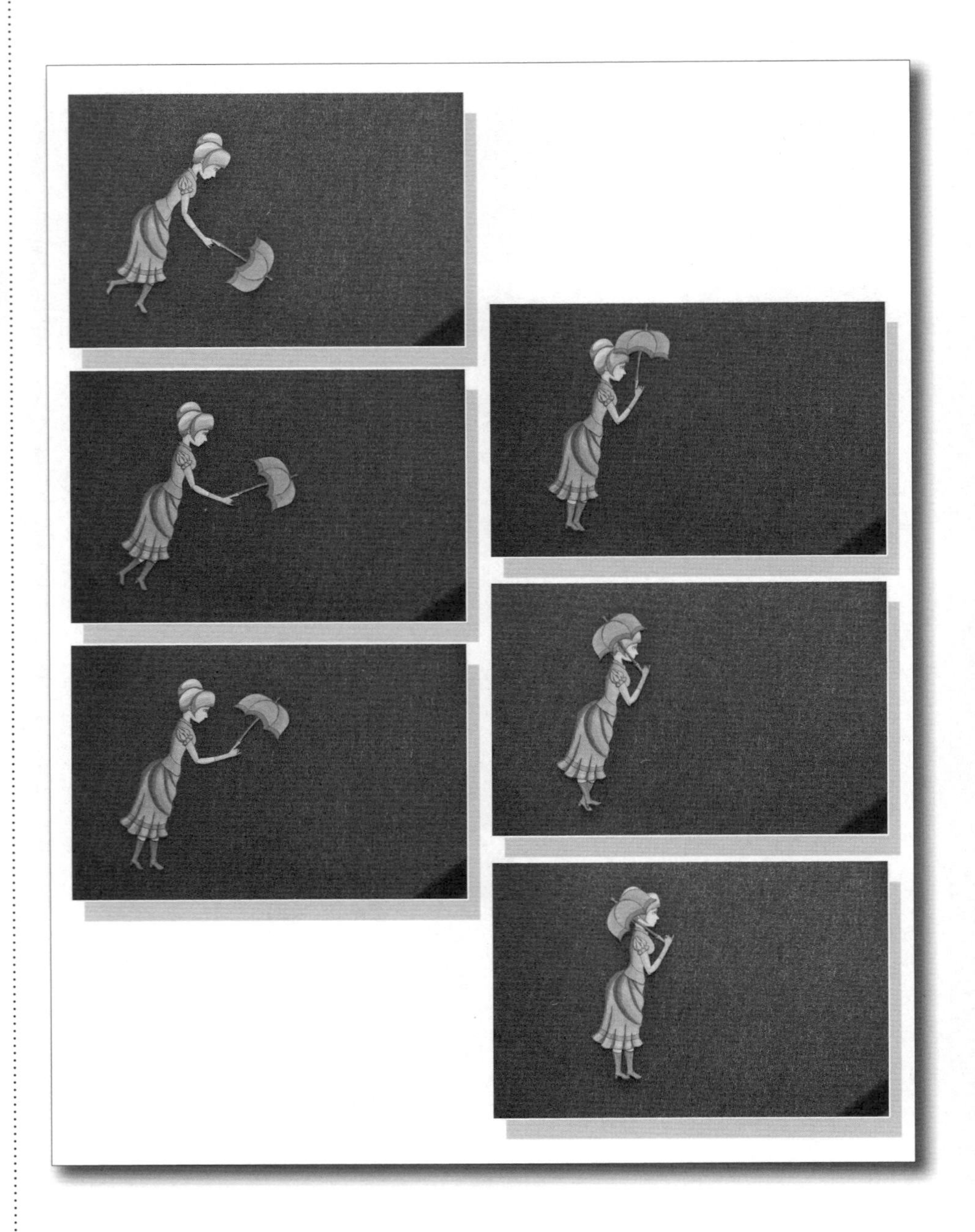

沙動畫

Sand Animation 通常用細沙為拍攝材料，將攝影機架設為水平面朝向下方平台拍攝。承載平台通常會利用玻璃或半透明壓克力板製作，藉由從平台底下打光，在玻璃上平鋪上細砂，以手或竹刷、各式工具描繪出各式透光圖案後，再進行逐格拍攝動畫。沙顆粒細小，或平灑或堆疊，在背光照映下，呈現出如同水墨繪畫般細膩的色階與明暗對比。也因砂動畫製作時無法倒退重來，一筆一刷都會造成完全不同的圖案，也讓製作沙動畫總是充滿藝術與趣味，邊拍攝邊想下一筆會有什麼樣的感覺？這一刷像是河流還是少女的髮絲？皆令人玩味。因此沙動畫在動畫史中不算是主流動畫，但沙動畫豐富的藝術性與想像空間，是其他動畫類型難以比擬與模仿的。許多展覽時甚至會請沙畫家直接進行展演，藝術家在台上將沙變換出各種圖樣，做現場直播；由此更可見沙畫的迷人之處。

材料：細砂、竹籤、水彩筆或毛筆、毛刷

設備：相機、腳架、燈光、拍攝平台、電腦（後製串接影片）

拍攝方式：逐格拍攝 (stop-motion)

STEP 1　前置材料整備作業

到海邊或工地找尋適合做沙畫的砂石，用篩網篩過碎石子與雜質後稍事清洗與晾乾。盡量讓顆粒大小均一，不要有太大的石頭混雜。拍攝平台建議使用玻璃或壓克力板，平台若完全透明，建議在平面下方張貼白色或淡色紙張，可讓拍攝效果更加溫潤。燈光架設由平台下方往上打造成底光效果，上方兩旁可再架盞補充光。

STEP2　動畫拍攝

試著將沙從少量到大把地灑在平台上，做出各式各樣的形狀。沙動畫的主要拍攝方式為逐格拍攝。微調沙畫→拍攝→微調→拍攝…重複以上步驟。直覺拍攝法：增加或減少沙量，每次變動就進行拍攝，觀察沙的形狀接近什麼物 品或動物…等，再用工具或手指朝著目標進行變更。草稿拍攝法：拍攝前先繪製流程草稿，利用輔助工具將每次關鍵形狀做形狀改變與推移。

STEP3　輔助工具使用效果

手：最直接也最直覺的工具，試著在沙平面上推出空白區塊或是用多根手指刷出波浪線條吧。

抓：用手掌握一把沙，均勻地灑在區塊上，做出像素描畫般的濃淡深淺。

刮：竹籤或牙籤可在沙暗面上繪出較銳利的筆畫線條。

滾：將手邊各種物品拿來試試看，於沙面上壓滾可以製造出不同的紋理。

STEP4　電腦後製剪輯

利用讀卡機或傳輸線將照片儲存至電腦。

整理刪除拍到手或用具的照片。

範例使用 Windows 內建影音編輯軟體 MovieMaker，在功能表中的工具→選項→ 進階中，將圖片持續時間與轉換時間調整到最低（0.125 秒與 0.25 秒）。 將儲存至電腦資料夾的照片使用匯入功能，全部選取匯進集合視窗內。 按畫面下方的顯示時間表進行檢視切換，將集合視窗內所有圖片下拉拖曳到視訊 時間表上。 可匯入自己喜歡的配樂或音效，拖曳到於音訊軌上，進行簡單的影音剪輯。 完成後點選檔案→儲存電影檔案→完成，就可以預覽完整影片檔了！小提醒：選用配樂時注意！若影片用途為參加比賽或公開播映場合，切勿使用版權音樂。

製作完屬於自己的沙動畫了嗎？

上網搜尋其他 Sand Animation 作品吧！

沙動畫大師關鍵字

- 卡洛琳．麗芙〈Caroline Leaf〉
- 邱禹鳳

● 沙動畫範例

物件動畫

物件動畫也稱作實體動畫（Object animation），通常會使用玩具或積木、日常生活用品…等物件來拍攝的逐格動畫。此動畫形式常見於在早期的電影中，利用逐格拍攝以及重複曝光技法，讓影片中無人碰觸的門窗突然開閉，或是茶壺自己動了起來。

不同於使用易變形的材質，例如黏土或可動偶做為拍攝主體，所以跟黏土動畫或偶動畫相較起來，又有另一番風貌。通常在拍攝物件動畫時，影片裡出現的角色通常在形像會以較無機、不帶生命感的物體為主，較能突顯物件動畫的特色。物件動畫亦常與其他類型的逐格動畫技術混合著拍攝，也因為這個原因，較難將之定義成一個獨立的動畫類型，但廣義來說，物件動畫可說是最常見也最普遍的逐格動畫技巧；只需手邊現成物品就可以製作，因此對於不擅長繪畫或製作動畫偶的創作者來說是相當不錯的選擇。

材料：大小適中的任何物品，3M 免釘黏土、膠帶、大頭針

設備：相機、腳架、燈光、電腦（後製串接影片）

拍攝方式：逐格拍攝 (stop-motion)

STEP1　攝影平台架設

物件動畫拍攝的特色是以「如同拍攝真實電影般」方式進行製作。逐格動畫短短幾秒的鏡頭，都是耗費長時間拍攝相當數量的影格累積而成。因此在正式開拍前的前置準備作業千萬不可馬虎，以免發生拍攝時遇到問題，才臨時匆忙補救，前後畫面錯亂、鏡頭跳動無法連戲的慘況。

STEP2　穩定的拍攝環境

將拍攝背景中無須移動的物件與背景紙 3M 萬用黏土固定住。調整好相機的拍攝角度後，使用封箱膠帶或紙膠帶將攝影腳架與拍攝台桌腳做定位，同時也稍加固定。因為在進行拍攝時很容易因為專注力放在調整物件動態上，卻不知不覺得將拍攝台或相機推移偏原來的位置，造成鏡頭移動。打燈是最常被忽略的一環，在正式拍攝時務必關閉所需照明以外的光源，拉上窗簾或是利用卡紙遮斷其他方向照過來的光線，避免光影散亂。確認燈光位置並進行試拍後，以膠帶固定住燈架！如此一來即使休息時暫停拍攝工作，重新開關燈光時，只需確定有無色溫落差，好的舞台光線可以串聯場景的有連戲效果。

STEP3　一氣喝成的拍攝

拍攝時若有暫停、或更換場景的需要，盡量以一 CUT 為完整拍攝單位。避免只拍幾張就突然變動場景或鏡頭位置，這樣很容易發生忘記拍到哪裡，又任意重新定位的混亂流程出現。多利用攝影借位手法，與輔助小道具。例如用鉛筆繪製淺淡符號以利拍攝位置紀錄，或在物件背後黏貼大頭針或萬用黏土，使用釣魚線製造出停留在半空中的效果，及嘗試各種不同拍攝角度與遠近距離。

STEP4 電腦後製剪輯

利用讀卡機或傳輸線將照片儲存至電腦。整理刪除拍到手或物件走位的照片，若懂得使用影像處裡軟體（例如 Adobe photoshop），可在此步驟進行修圖，將釣魚線或是大頭針等穿幫畫面移除。範例使用 Windows 內建影音編輯軟體 MovieMaker，在功能表中的工具→選項→ 進階中，將圖片持續時間與轉換時間調整到最低（0.125 秒與 0.25 秒）。將儲存至電腦資料夾的照片使用匯入功能，全部選取匯進集合視窗內。按畫面下方的顯示時間表進行檢視切換，將集合視窗內所有圖片下拉拖曳到視訊時間表上可匯入自己喜歡的配樂或音效，拖曳到於音訊軌上，進行簡單的影音剪輯。完成後點選檔案→儲存電影檔案→完成，就可以預覽完整影片檔了！小提醒：選用配樂時注意！若影片用途為參加比賽或公開播映場合，切勿使用版權音樂。

製作完屬於自己的物件動畫了嗎？

上網搜尋其他 Object Animation 作品吧！

物件動畫大師關鍵字

- 楊 ・ 史雲梅耶〈Jan Svankmajer〉
- 諾曼 ・ 麥克拉倫〈Norman McLaren〉

● 物件動畫技巧與範例

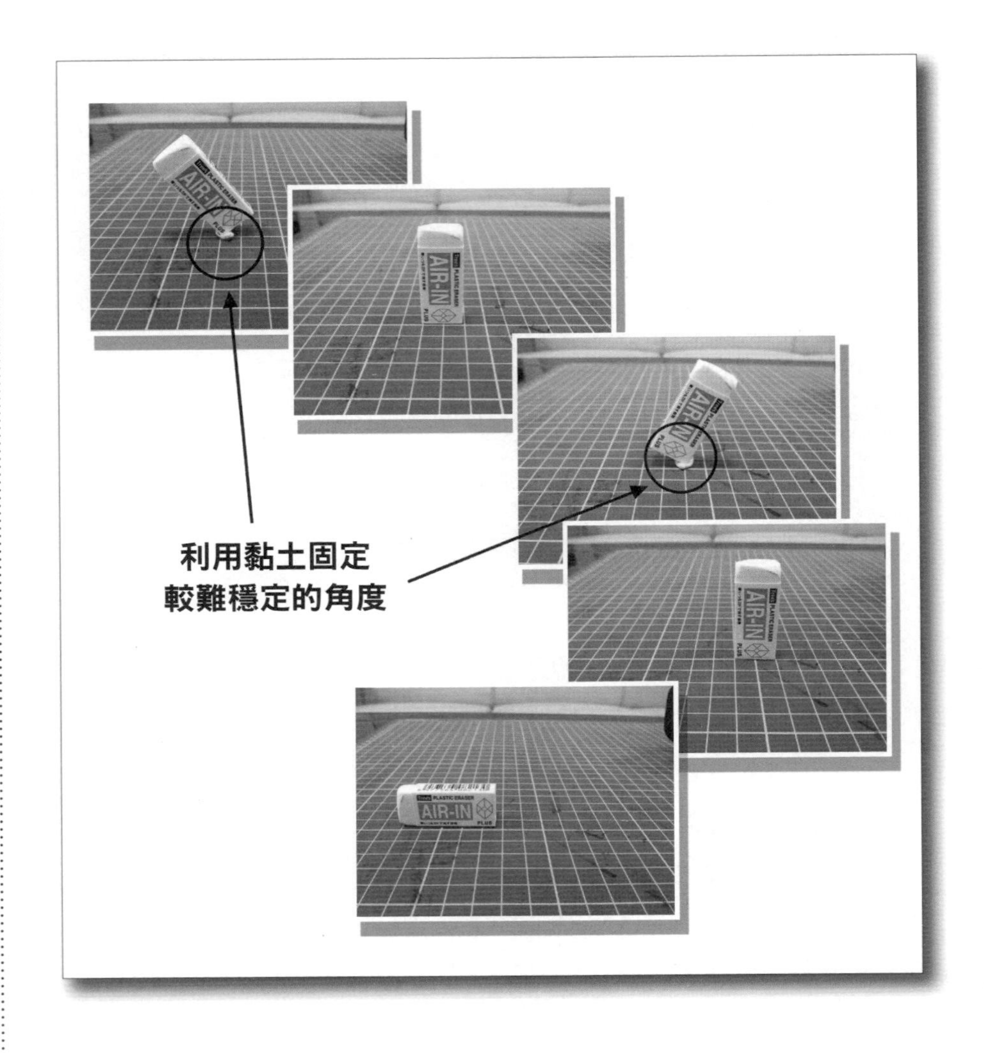

AIR-IN

偶動畫

因從早期的木偶戲發展而來，操控木偶來製作逐格動畫，亦稱木偶動畫(Puppet animation)。偶動畫中使用的偶跟賞玩用途的玩偶不同之處在於其“可動性"與“可固定性"，拍攝偶動畫時因為需表現各種動作，製做動畫偶時必須加入可自由運動的關節，或類似於生物骨骼的骨架，再於骨架外面套上以布料、矽膠翻模 或其他軟質製作的部位，做出軀幹、四肢與頭部。

偶動畫與真人動畫、物件動畫從製作素材上可被統歸類成立體動畫。偶動畫代 表作品相當廣泛，例如提姆 · 波頓導演的「聖誕夜驚魂」，或是阿德曼公司的「酷狗寶貝」、「笑笑羊」…等，都是耳熟能詳的偶動畫。因偶動畫影片總能在視覺上 呈現出物件的溫暖質感，比起平面手繪動畫，偶動畫更能帶給觀眾彷彿實際存在、且兼具觸覺和重量感的角色。這種獨特的魅力也就是偶動畫歷久彌新，廣受 男女老幼觀眾們喜愛的原因吧！

製偶材料：鐵絲、棉線、黏土、碎布、緞帶

設備：相機、腳架、燈光、電腦(後製串接影片)

拍攝方式：逐格拍攝(stop-motion)

STEP 1　偶的骨架製作

首先繪製草圖，設計偶的外型，大小尺寸以及使用材質準備。除了一些體積很小或會變形的角色，幾乎所有的偶動畫角色都會用到骨架。因此可動式偶的骨架製作相當重要，可說是偶的靈魂。

骨架種類大致分為兩種，一種是由金屬線（鋁線或銅線）製作的骨架，另外一種則是特殊球型接頭的關節，稱為球型關節骨架。後者骨架通常是特殊規格，只能在專業網站或店家才能購得，價格亦偏高；但在偶的操作上可動性較強，相對起來較好使用。金屬線骨架通常使用鋁線或銅線以雙股纏繞而成，手或腳可用牙籤或木棒輔助製作；成本也低廉 許多。本書範例以易取得的金屬線骨架作主要示範。使用鐵絲或鋁線依據草圖形狀，折出大致的形狀作為主幹。之後再用棉線或細鋁線沿著主幹纏繞，增加摩擦力與依附面積，可以讓之後包覆的油土或黏土附著力增加，同時也能減少土的重量，以利之後偶的外型塑造。

STEP2　偶的身體製作

通常矽膠翻模為偶動畫製作的最常見也是最主要的方式；因篇幅有限，以較簡易 的黏土與其它材質來作為教學示範。身體軀幹製作。可利用碎布與棉線在主要軀幹上纏繞，綁出厚度。使用粘土製做偶的頭部與手腳。裁縫黏貼布料，製作角色衣服與配件。

STEP3　穩固的拍攝環境

將拍攝平台上無須移動的物件與背景，用粘土或圖釘黏好固定，避免不小心碰觸到就會移動的狀態。確定相機拍攝角度後，使用膠帶將攝影腳架做定位。若有多個不同視角會重複來 回拍攝的話，可使用紙膠在地板上做十字定位紀錄。在必要狀況下盡量調整攝影機與腳架位置，而非移動整個攝影平台。 在正式拍攝時務必關閉所需照明以外的光源，若無法在密閉攝影棚拍攝，一定要拉上窗簾，或利用壁報紙遮斷其他方向照過來的自然光，因陽光會隨著時段不同 而亮度衰減，盡量不要在戶外進行拍攝。 確認燈光位置並進行試拍後，以膠帶固定住燈架！如此一來即使暫停拍攝工作重 新開關燈光時，也能確保光線的連戲效果。拍攝時若需要暫停或更換場景，盡量以一 CUT 為完整拍攝單位。請避免拍幾張 後突然改變攝影機位置角度，或是上一張與下一張之間任意重新定位的混亂情形。

多利用攝影借位手法與輔助小道具。例如可使用 L 型壓克力架紀錄拍攝位置，或是在偶的底部使用萬用黏土來穩定，才不會在按快門前突然倒下，或使用釣魚線製造出停留在半空中的感覺…嘗試各種不同拍攝方式。

STEP4　電腦後製剪輯

利用讀卡機或傳輸線將照片儲存至電腦。整理刪除拍到手或模糊照片，若懂得使用影像處裡軟體（例如 Adobe photoshop），可在此步驟進行修圖；將釣魚線或是定位粘土穿幫的照片修飾掉。

範例使用 Windows 內建影音編輯軟體 MovieMaker，在功能表中的工具→選項→進階中，將圖片持續時間與轉換時間調整到最低（0.125 秒與 0.25 秒）。將儲存至電腦資料夾的照片使用匯入功能，全部選取匯進集合視窗內。 按畫面下方的顯示時間表進行檢視切換，將集合視窗內所有圖片下拉拖曳到視訊 時間表上可匯入自己喜歡的配樂或音效，拖曳到於音訊軌上，進行簡單的影音剪輯。完成後點選檔案→儲存電影檔案→完成，就可以預覽完整影片檔了！小提醒：選用配樂時注意！若影片用途為參加比賽或公開播映場合，切勿使用版權音樂。

製作完屬於自己的偶動畫了嗎？

上網搜尋其他 Puppet animation 作品吧！

偶動畫大師關鍵字

- 川本喜八郎〈Kawamoto Kihachirou〉
- 傑利唐卡〈Jiri Trnka〉

● 偶動畫製作

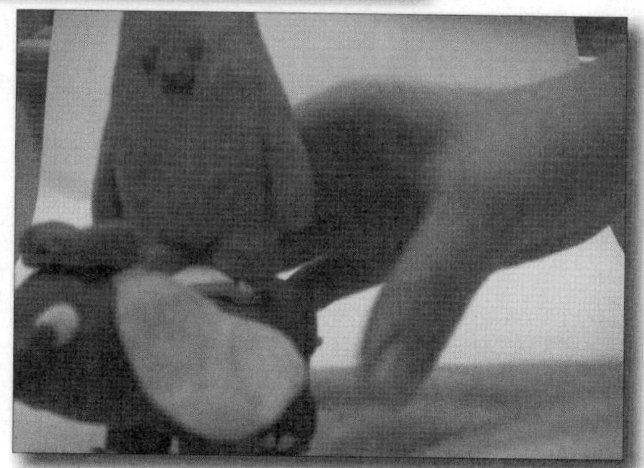

電腦動畫

電腦動畫(Computer Animation),是藉助電腦軟體等製作而成的數位動畫。早期一般社會大眾對這個名詞的理解僅限於 3D 電腦動畫,例如史克威爾艾尼克斯(Square Enix Co.)公司所製作的遊戲「太空戰士 7」(Final Fantasy VII)的過場動畫,以及皮克斯的『玩具總動員』動畫電影長片,影片從角色建模、動作表演到場景建置、燈光…等主要部份,皆使用 3D 電腦軟體完成。原本 3D 動畫的生產僅限於大型製作公司,但近年來電腦硬體設備的提升與動畫製作軟體逐漸普及,加上網際網路的發展,使得個人創作與小型工作室得以使用 3D 技術製作各種不同形式的動畫影片,這些創意十足的影片在畫面品質上並不輸給傳統動畫業界,也為傳統動畫業界帶來製作流程的革命風潮,但以製作技術上還是分為 2D 與 3D 動畫兩種。現今統稱此類以電腦軟體製作的動畫影片為電腦動畫。

電腦動畫中的 2D 動畫,泛指主要繪製過程,是以點陣或向量繪圖軟體來製作,或將傳統動畫製作中清線稿與上色過程數位化的動畫影片。因製作方式接近傳統手繪動畫,許多傳統手繪動畫的製作觀念與技術可以直接被應用到平面繪圖或動畫軟體的介面裡;例如 Adobe Flash 軟體中的漸變、關鍵影格、場景、洋蔥皮、填色…等功能,其實都是為了讓動畫師在接觸軟體時,能夠將以往的繪畫習慣帶入軟體,減少操作適應的時間。在 2000 年左右,韓國首先以「賤兔」、「炸醬麵娃娃」等 Flash 動畫,利用當時最熱門的的網際網路作為宣傳平台，掀起了一場網路動畫潮，亞太地區的台灣、香港、大陸與日本先後成立了許多動畫公司專門製作網路動畫，設計相關學校也開始加入 Flash 動畫製作的課程。

近年的電視卡通影集製作，除了前置作業裡的動畫原畫、中割與背景美術依然是傳統手繪之外，其他作業都已轉成數位化。原畫與動畫張大多還是以手繪的線條為主，其後將線條稿利用掃描器掃描成電子圖檔，利用專業軟體清線稿與汙點、作動作測試與填色，直到後期特效製作與背景合成、音效合成製作、配音與播送用母帶製作，幾乎都是使用電腦完成。如美國動畫業界的龍頭老大迪士尼公司於 1990 年代開始，逐漸改由電腦數位方式來製作動畫影片，並且也將以前的作品重新用電腦上色，推出色彩更鮮豔的數位版本。

同樣是動漫大國的日本，除了商業動畫，也一直都有許多獨立動畫創作者在各種影展推出個人製作的動畫短片；隨著電腦軟硬體設備的普及與動畫技術資訊公開化，這些獨立製片的品質也越來越好，甚至能與專業動畫公司的商業卡通媲美。如新銳動畫導演新海誠於 2002 年所製作的「星之聲」就是最佳的例子。「星之聲」全片幾乎由新海誠獨力完成，一人包辦從劇本發想、美術風格、背景繪製、角色動畫、3D 機器人動畫、特效合成。「星之聲」在影展推出後倍受注目，甚至被業界譽為「日本動畫史上由個人創作完成度最高的傑作」，片中大量使用電腦剪接技巧，亦讓許多專業動畫公司開始考慮，將電腦技術帶入作品之中。由此可見電腦數位動畫技術對動畫界的衝擊，不僅只提升動畫公司的作品量，亦替動畫創作人開啟了新的視野。

市面上已有很多動畫軟體的使用教學與相關書籍，所以本書就不在此多作描寫。僅用表格（圖一）將近年來 2D 電腦動畫較常使用的軟體與用途列出。

軟體名稱	廠商	用途
Flash	Adobe	動畫製作與輸出
Photoshop		圖片編修、繪圖、特效製作
Illustrator		向量圖形製作、LOGO 設計
AfterEffect		動態影片特效製作合成、數位 Cutout
Premiere		影片剪輯與音效對位
RETAS! PRO	CELSYS	2D 手繪動畫製作、填色、合成
ToonBoom studio	ToonBoom	2D 手繪動畫向量製作、填色、合成
Painter	Corel	2D 手繪背景，擬真繪畫筆觸

（圖一）

電腦動畫中的 3D 動畫跟近年來相當熱門的 3D 立體電影兩者意義並不相同。3D 立體電影，是指拍攝影片時利用兩台攝影機當作左右兩眼的視野進行拍攝；或是於影片完成後使用軟體將前後人物背景區分成立體效果；此類 3D 立體影片在觀看時必須由透過專門的播映機播放，觀眾也必須配戴 3D 眼鏡才能觀看到立體效果；台灣稱之 3D 版電影或 3D 立體電影，為避免混淆，下文所指 3D 皆為 3D 電腦動畫。

電腦動畫中的 3D 動畫，或稱為三維動畫；D 指的是 Dimension，指的是方向、維度之意。除了原本定義平面用的 X 軸與 Y 軸之外，再加入代表立體的 Z 軸，由此三軸提供數值架構出立體空間。不同於 2D 平面手繪動畫，此技術給予動畫創作者更廣大的創作自由；透過 3D 軟體（例如 Autodesk 的 Maya)，可以做出複雜精準的模型，並且可以自由操作攝影機從各種角度觀看。角色動作可以自由調整也可以進行重力、風力與布料等物理模擬運算，並透過強大的算圖引擎來使畫面增加寫實、渲染各種材質效果。3D 動畫技術除了卡通電影之外，也被大量的運用在真人演員拍攝的電影中，一些原本不可能被實現的場景；例如千軍萬馬的奔騰、知名建築物爆炸倒塌以及栩栩如真的幻想生物，已經可以達到讓觀眾分不出真假的境界。

3D 動畫主要的製作流程包含建模 (Modeling)、骨架裝配 (Setup)、動作表演 (Animation)、燈光 (Lighting)、材質紋理 (texture)、算圖 (Render)、物理動力運算 (Dynamic)、粒子效果 (particle effect)、毛髮與布料模擬 (Fur and Cloth Simulation)…等技術。國際著名的 3D 動畫工作室包括皮克斯、夢工廠動畫 (DreamWorks Animation)、藍天工作室 (Blue sky studio)、威塔工作室 (Weta Workshop)、殘影工作室 (Blur Studio)…等。國內則有西基電腦動畫公司 (CGCG)、太極影音科技 (digimax)、仙草影像工作室 (Grass Jelly)、Studio2 animation lab、兔將創意影業（The white Rabbit Enterainment）、海朵視覺特效（Hydra VFX）、砌禾數位動畫（Cheer Digi art Co）、肯特動畫數位獨立製片（KENT）與壹傳媒動畫 (Next Media Animation)。

僅用表格 (圖二) 將近年來較知名的 3D 動畫軟體與用途列出。

軟體名稱	廠商	簡介
3DSmax	Autodesk	3D遊戲角色建模、場景建置、材質貼圖、燈光、動作調整、流體模擬、粒子系統、毛髮與布料模擬、燈光、算圖
Maya		電影特效動畫、角色建模、場景建置、材質貼圖、動作調整、對位合成、流體模擬、物理模擬、毛髮與布料模擬、燈光、算圖
Softimage		電影特效動畫、角色建模、場景建置、材質貼圖、動作調整、燈光、算圖
Mudbox		高精密模型製作軟體、遊戲用精密貼圖製作
MotionBuilder		動作捕捉資料處裡、角色動作調整軟體
HUDINI	Side Effects Software Inc	電影特效動畫、角色建模、群體運動與粒子特效
Blender	Blender 基金會	免費3D軟體、角色建模、場景建置、材質貼圖、燈光、動作調整、燈光、算圖
LightWave 3D	NewTek	早期美國與日本使用率高的 3D 軟體，遊戲角色建模、場景建置、材質貼圖、燈光、動作調整、燈光、算圖
RenderMan	Pixar	程式化擬真燈光算圖引擎
Vray	Chaos Group	擬真燈光算圖引擎
Mental ray	mental images	擬真燈光算圖引擎
Z BRUSH	Pixologic	數位雕塑軟體

（圖二）

參考書目

日本動畫五天王
作者：傻呼嚕同盟　出版社：大塊文化

動畫電影探索
作者：黃玉珊、余為政編 / 著　出版社：遠流

動畫基礎技法
作者：理查・威廉斯 / 著　出版社：龍溪

動漫 2000 = Animation comic 2000
作者：傻呼嚕同盟 / 著　出版社：藍鯨

動畫師究極養成班
作者：尾澤直志　出版社：積木

光のえんぴつ、時間のねんど　図工とメディアをつなぐ特別授業
作者：岩井俊雄 / 著　出版社：美術出版社

一人で作る人のためのアニメーション講座
作者：昼間行雄　出版社：洋泉社

アニメーションの本—動く絵を描く基礎知識と作画の実際
作者：アニメ６人の　出版社：合同出版

ディズニーアニメーション 生命を吹き込む魔法 — The Illusion of Life —
作者：Frank Thomas and Ollie Johnston　出版社：徳間書店

專有名詞介紹

Animatic 動態腳本	Computer Generated Image CGI 電腦繪圖
Animation Stand/Animation Rostrum 攝影台	Cutout animation 剪紙動畫
Animation without camera 無攝影機動畫	Cutting 剪接
Anticipation 預備動作	Direct-method animation 直接動畫
Assistant Director, Episode Director 副導演	Director 導演
Backgrounds 背景美術設計	Drawn on film animation 膠片繪製動畫
Camera movement 攝影效果	Editing Room 剪接室
Caricature 諷刺畫	Effects Animation 特效動畫
Cartoon 卡通	Exaggeration 誇張
Character Animation 角色動畫	Executive Producer 執行製片
Character Design 人物設計	Follow-through 後續動作
Clay animation 粘土動畫	Full animation 全動畫
Clean-up 清稿	Inbetweener 中割
Color Model 造形標準色	Key Animator 原畫師
Color Script 色彩設計	key drawings/key pose 原畫
Comic Strip 連環漫畫	key frame 關鍵張
Composite 合成	Kinetsocope 活動電影放映機
Computer Aided Design CAD 電腦輔助設計	Layout 運鏡取景

Limited animation 有限動畫	Script 劇本
Production Manager PM 製作經理	Sound Director 音響指導
Pre-Production 製前作業	Sound Effect 音效
Producer 製片	Sound production 音響製作
Production Committee 製作委員會	Special Effect/FX/SFX 特殊效果
Production Manager 製作管理	Sponser 贊助商
Puppet animation 木偶動畫	Stop Motion 停格動畫
Retake 重新拍攝	Story Development 故事（劇本）研發
Re-timing 動態重調	Story Reel 故事帶
Pinscreen animation 針幕動畫	Storyboard 圖畫腳本
Sand animation 沙動畫	Storyboard 分鏡圖
Scene Planning 片段運鏡設計	Thaumatrope 魔術畫片
Scene Setup 片段設定	Timing 時間控制
Scene 片段	Vis-Dev (Visual Development) 視覺設計研發
Script Writer 腳本作家	Zoetrope 走馬畫筒

國家圖書館出版品預行編目資料

動畫基礎概論／游凱麟著．— 初版．— 臺北市：五南圖書出版股份有限公司，2012.09
面；　公分.--

ISBN 978-957-11-6769-5（平裝）

1.電腦動畫 2.動畫製作

312.8　　101014525

5DG0

動畫基礎概論

作　　者— 游凱麟

發 行 人— 楊榮川

總 經 理— 楊士清

總 編 輯— 楊秀麗

副總編輯— 王正華

責任編輯— 楊景涵

封面設計— 游凱麟

圖文編輯— 徐志華

出 版 者— 五南圖書出版股份有限公司

地　　址：106台北市大安區和平東路二段339號4樓

電　　話：(02)2705-5066　傳　　真：(02)2706-6100

網　　址：https://www.wunan.com.tw

電子郵件：wunan@wunan.com.tw

劃撥帳號：01068953

戶　　名：五南圖書出版股份有限公司

法律顧問　林勝安律師

出版日期　2012年 9 月初版一刷

　　　　　2024年 2 月初版五刷

定　　價　新臺幣300元

經典永恆·名著常在

五十週年的獻禮——經典名著文庫

五南，五十年了，半個世紀，人生旅程的一大半，走過來了。
思索著，邁向百年的未來歷程，能為知識界、文化學術界作些什麼？
在速食文化的生態下，有什麼值得讓人雋永品味的？

歷代經典·當今名著，經過時間的洗禮，千錘百鍊，流傳至今，光芒耀人；
不僅使我們能領悟前人的智慧，同時也增深加廣我們思考的深度與視野。
我們決心投入巨資，有計畫的系統梳選，成立「經典名著文庫」，
希望收入古今中外思想性的、充滿睿智與獨見的經典、名著。
這是一項理想性的、永續性的巨大出版工程。
不在意讀者的眾寡，只考慮它的學術價值，力求完整展現先哲思想的軌跡；
為知識界開啟一片智慧之窗，營造一座百花綻放的世界文明公園，
任君遨遊、取菁吸蜜、嘉惠學子！